U0396114

水资源公共管理宣传读本

邵红艳　韩桂芳 编著

张仁贡 主审

浙江工商大学出版社
ZHEJIANG GONGSHANG UNIVERSITY PRESS

图书在版编目(CIP)数据

水资源公共管理宣传读本 / 邵红艳,韩桂芳编著.
—杭州:浙江工商大学出版社,2017.8
ISBN 978-7-5178-2331-5

Ⅰ.①水… Ⅱ.①邵… ②韩… Ⅲ.①水资源管理—公共管理 Ⅳ.①TV213.4

中国版本图书馆 CIP 数据核字(2017)第 197440 号

水资源公共管理宣传读本

邵红艳　韩桂芳 *编著*　张仁贡 *主审*

责任编辑	刘淑娟　任晓燕
责任校对	邹接义
封面设计	林朦朦
责任印制	包建辉
出版发行	浙江工商大学出版社
	(杭州市教工路 198 号　邮政编码 310012)
	(E-mail:zjgsupress@163.com)
	(网址:http://www.zjgsupress.com)
	电话:0571-88904980,88831806(传真)
排　　版	杭州朝曦图文设计有限公司
印　　刷	杭州恒力通印务有限公司
开　　本	850mm×1168mm　1/32
印　　张	3
字　　数	68 千
版 印 次	2017 年 8 月第 1 版　2017 年 8 月第 1 次印刷
书　　号	ISBN 978-7-5178-2331-5
定　　价	13.80 元

前　言

　　目前我国还没有水资源公共管理宣传类的社会读本，以前社会上认为水资源是取之不尽、用之不竭的公共资源，水资源的利用和管理等方面的意识薄弱，造成了水资源的大量浪费。随着我国社会经济的发展，水资源越来越缺乏，在水资源的利用上出现了很多矛盾，给我国水资源的管理敲响了警钟。但水资源属于公共资源，涉及社会的方方面面，仅仅通过强制性的法律、法规、制度等进行管理是不够的，因此应该在完善法律、法规、制度等管理工具的基础上，加强对水资源的有效利用、节约利用及其管理法规、管理制度等的宣传，提高我国广大民众节约利用水资源的意识和水资源利用的法律意识等。因此，有必要编写一本《水资源公共管理宣传读本》的书籍，与行业管理相配套，在社会广大民众中宣传我国水资源公共管理的必要性和重要意义，提高我国广大民众的法律意识、管理意识和节约意识，为我国可再生资源的可持续发展服务。

　　本书面向我国社会广大民众及行业管理者，它不是一本学术性论著，而是一本宣传我国现阶段水资源管理的最新法律、法规、制度、标准等的读物。本书采用通俗易懂的语言宣传我国水资源的现状，宣传水资源节约利用的意义，宣传水资源利用应该遵循的法律、法规、制度和标准等，以提高社会广大民众在水资源利用方

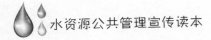
面的法律意识、管理意识和节约意识,有利于我国水资源的可持续利用,有利于广大民众的人文素质的提高,有利于水资源的行业管理,有利于国家水资源的安全。

　　本书的编写得到了俞建军、王磊、赵克华、沈燕、周丽花等专家的指导,他们提出了宝贵的意见,再次向他们表示衷心感谢!同时,特别感谢张仁贡教授对本书的审核。由于编者才疏学浅,书中存在诸多错误和不足也在所难免,敬请广大读者批评指正!

2017 年 6 月 30 日

目 录

■水资源公共管理宣传读本

1

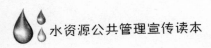

第一章　水资源管理

第一节　水资源管理的基本概念

一、水资源及水资源管理

水资源的定义比较复杂,从学术的角度讲,尚没有完全公认的定义。广义上一般将所有形式的水都纳入了水资源的范畴,狭义上将水资源定义为地表水与地下水。广义的水资源无法作为水资源管理的对象,因为人类对其中相当一部分形式的水还不具备管理的能力,如"天上水"就无法纳入人类管理的范畴,而生物水、土壤水等更不具备管理的条件,再者,海水则因为其数量巨大,尚未表现出稀缺性,也不存在管理的必要,因此《中华人民共和国水法》将水资源管理范围限定在地表水与地下水,是符合上述原则的。

在地表水资源的分类上,由于地表水资源的存在形式比较具体,目前采用以自然形态划分水资源种类的方式,如河川径流量、湖泊储存量、冰川积蓄量等。由于各种资源量的自然特性以及可利用程度分别属于水文特征分析及水资源规划范畴,而没有地表水资源分类的专门提法,因此只将地表水资源分为补给资源和储存资源。

在地表水资源总量评价中,河川径流量是一个非常重要的指标,它往往用流域中有代表性的水文站实测的断面流量表示。由于人为取水等活动会使河流的天然状况发生变化,实测资料不能真实反映天然的径流过程,所以需要进行还原处理。还原的河川径流量包括了大气降水转化为地表水量,地下水出露形成的地表水量,并扣除沿途蒸发、渗漏的水量。通常所说的地表水资源量主要指这部分水量,属于补给资源。

湖泊和冰川的水交替周期要比河流长得多,其资源属性更为复杂。大型湖泊的水资源属性分为补给和储存两部分。由于湖泊和河流相连,在多年平均条件下,其补给量(包括上游入湖水量、湖面获得的降水量)与排泄量的动态平衡过程已纳入流域内部的水量平衡中,所以在流域的补给资源评价中一般不单独提出。湖泊中另一部分水量,即所谓的死"湖容",这部分水量一般不参与多年的补、排均衡过程,属于储备资源。

在我国,关于地下水资源的概念和分类的研究大体经历了从"四大储量"到"三种水量"再到"两种资源"的发展过程;对地下水资源的研究,大体经历了由含水层或含水岩组为研究单元变为以含水系统进行描述的过程。因此,地下水资源的分类问题不单纯是水量划分形式,也反映了人们对地下水资源特性的认识程度。

水资源管理是指运用行政、法律、经济、技术和教育等手段,组织各种社会力量开发水利和防治水害,协调社会经济发展与水资源开发利用之间的关系,处理各地区、各部门之间的用水矛盾,监督、限制不合理地开发水资源和危害水源的行为,制订供水系统和水库工程的优化调度方案。

二、水资源管理的目的、内容和特点

水资源管理的目的是提高水资源的有效利用率,保护水资源的持续开发利用,充分发挥水资源工程的经济效益,在满足用水户对水量和水质要求的前提下,使水资源发挥最大的社会、环境、经济效益。

广义的水资源管理,可以包括:

(1)法律:立法、司法、水事纠纷的调解处理。

(2)行政:机构组织、人事、教育、宣传。

(3)经济:筹资、收费。

(4)技术:勘测、规划、建设、调度运行四个方面构成一个以水资源开发(建设)、供水、利用、保护组成的水资源管理系统。

在水资源开发利用初期,供需关系单一,管理内容较为简单。随着水资源工程的大量兴建和用水量的不断增长,水资源管理需要考虑的问题越来越多,已逐步形成为专门的技术和学科。主要管理内容有以下几个方面:

(1)水资源的所有权、开发权和使用权。水资源的所有权取决于社会制度,开发权和使用权服从于所有权。在生产资料私有制社会中,土地所有者可以要求获得水权,水资源成为私人专用。在生产资料公有的社会主义国家中,水资源的所有权和开发权属于全民或集体,使用权则是由管理机构发给用户使用证。

(2)水资源的政策。为了管好、用好水资源,对于如何确定水资源的开发规模、程序和时机,如何进行流域的全面规划和综合开发,如何实行水源保护和水体污染防治,如何计划用水、节约用水和计收水费等问题,都要根据国民经济的需要与可能,制定出相应的方针政策。

（3）水量的分配和调度。在一个流域或一个供水系统内，有许多水利工程和用水单位，它们往往会发生供需矛盾和水利纠纷，因此要按照上下游兼顾和综合利用的原则，制订水量分配计划和调度方案，作为正常管理运用的依据。遇到水源不足的干旱年，还要采取应急的调度方案，限制一部分用水，保证重要用户的供水。

（4）防洪问题。洪水灾害会给生命财产造成巨大的损失，甚至会扰乱整个国民经济重大项目的部署。因此研究防洪决策，对于可能发生的大洪水事先做好防御准备，也是水资源管理的重要组成部分。在防洪管理方面，除维护水库和堤坝的安全以外，还要防止行洪、分洪、滞洪、蓄洪的河滩、洼地、湖泊被侵占破坏，并实施相应的经济损失赔偿政策，试办防洪保险事业。

（5）水情预报。由于河流的多目标开发，水资源工程越来越多，相应的管理单位也不断增加，日益显示出水情预报对搞好管理的重要性。为此只有加强水文观测，做好水情预报，才能保证工程安全运行和提高经济效益。

这个管理系统是一个把自然界存在的有限水资源通过开发供水系统与社会、经济、环境的需水要求紧密联系起来的复杂的动态系统。社会经济发展，对水的依赖性增强，对水资源管理的要求就越高，各个国家不同时期的水资源管理与其社会经济发展水平和水资源开发利用水平密切相关；同时，世界各国由于政治、社会、宗教、自然地理条件和文化素质水平、生产水平以及历史习惯等不同，其水资源管理的目标、内容和形式也不可能一致。但是，水资源管理目标的确定都与当地国民经济发展目标和生态环境控制目标相适应，不仅要考虑自然资源条件以及生态环境改善，而且还应充分考虑经济承受能力。

三、水资源管理的体制

水资源管理体制分为集中管理和分散管理两大类型。

集中型是由国家设立专门机构对水资源实行统一管理,或者由国家指定某一机构对水资源进行归口管理,协调各部门的水资源开发利用。

分散型是由国家各有关部门按分工职责对水资源进行分别管理,或者将水资源管理权交给地方政府,国家只制定法令和政策。

美国从 1930 年开始强调水资源工程的多目标开发和统一管理,并在 1933 年成立了全流域统一开发管理的典型——田纳西河流域管理局(TVA),1965 年成立了直属总统领导、以内政部长为首的水利资源委员会,使水资源管理体制向全国统一管理的方向发展;20 世纪 80 年代初又开始加强各州政府对水资源的管理权,撤销了水利资源委员会而代之以国家水政策局,趋向于分散型管理体制。英国从 20 世纪 60 年代开始改革水资源管理体制,设立水资源局,70 年代进一步实行集中管理,把英格兰和威尔士的 29 个河流水务局合并为 10 个,并设立了国家水理事会,在各河流水务局管辖范围内实行对地表水和地下水、供水和排水、水质和水量的统一管理;1982 年撤销了国家水理事会,加强各河流水务局的独立工作权限,但水务局均由政府环境部直接领导,仍属集中型管理体制。中华人民共和国的水资源管理涉及水利电力部、地质矿产部、农牧渔业部、城乡建设环境保护部、交通部等,各省、直辖市、自治区也都设有相应的机构,基本上属于分散型管理体制。20 世纪 80 年代以后,中国北方水资源供需关系出现紧张情况,有的省市成立了水资源管理委员会,统管本地区的地表水和地下水;1984 年中华人民共和国国务院指定由水利电力部归口管理全国水资源的统一规划、立法、调配和科研,并负责协调各用水部门的矛盾,开始向集中管理的方向发展。

1988年我国颁布了《中华人民共和国水法》(以下简称《水法》),标志着水资源管理工作正式全面启动。通过十几年的努力,水资源意识在全社会得到了树立,水资源管理的基本框架得到确立,建立起了基本完善的水资源管理体系。2002年8月29日,九届全国人大常委会第二十九次会议表决通过了《中华人民共和国水法(修订案)》,并于2002年10月1日起施行。新《水法》吸收了10多年来国内外水资源管理的新经验、新理念,对原《水法》在实施实践中存在的问题做了重大修改。新《水法》明确了新时期水资源的发展战略,即以水资源的可持续利用支撑社会经济的可持续发展;强化水资源统一管理,注重水资源的合理配置和有效保护,将节约用水放在突出的位置;对水事纠纷和违法行为的处罚有了明确条款,对规范水事活动起到了重要作用。新《水法》的颁布实施标志着我国水资源管理正在向可持续发展方向转变。

第二节　水资源管理工作现状

一、浙江省水资源管理现状

根据《水法》及《取水许可制度实施办法》,浙江省初步建立了取水许可制度。

(1)建立了取水许可制度。取水许可是《水法》规定的水资源管理的基本制度,国务院颁布《取水许可制度实施办法》以后,全省通过两年左右的努力,完成了取水登记工作,对全省直接从江、河、湖泊取水的情况进行了全面调查与登记,为取水许可制度的全面实施打下了基础。1995 年 8 月 18 日,浙江省颁布了《浙江省取水许可制度实施细则》(浙江省人民政府令第 62 号),之后,在全省范围开展了取水许可制度的实施工作,建立了取水许可审查、审批程序,所有从江、河、湖泊、水库取水的建设项目,都按法律与法规的规定,履行了审查审批手续。

从 2003 年起,根据水利部、国家计委 15 号令规定,对需要办理取水许可申请的建设项目,实行了水资源论证;对建设项目取水对区域水资源供需平衡,对环境与生态的影响,建设项目用水的合理性进行专题论证,明确了审查的程序及要求,进一步规范了取水许可的审查与审批,提高了审批的科学性。

(2)确立了水资源有偿使用制度。水资源有偿使用是《水法》规定的又一项重要制度。1992 年年底,根据《浙江省实施〈中华人民共和国水法〉办法》的规定,《浙江省水资源费征收管理暂行办法》正式颁发施行,在全省范围内开征了水资源费,除法律、法规规定减免的以外,对所有直接从江河湖泊取水的单位与个人征收了水资源费,建立了水资源有偿使用制度,建立了水资源费征收、票据管理与使用制度,规范了水资源费征收工作。这项制度的实施有效地解决了水资源管理及开发利用前期工作经费不足的问题,有力地推动了全省水政水资源工作的开展,并有效地推进了节约用水工作,使重点用水户在生产规模不断大幅扩大的同时,实际用水量呈现明显的下降趋势,同时也使得"水是宝贵的资源"这一观念深入人心。

(3)组建了水资源管理队伍。在取水许可与水资源有偿使用制度实施的同时,全省水政水资源管理机构也不断得到完善。从1990 年起,全省各级水政水资源管理机构开始组建,承担水资源管理的任务,经过三年左右的努力,全省水政水资源管理机构框架基本确立,至 1997 年,全省各级水政水资源管理机构基本完善,初步建立了水资源统计与公报制度,建立了水资源管理的日常工作制度,保障了水资源管理工作的顺利开展。管理人员数量从 1—20 人不等,一般为 3—5 人。

(4)建立了江河水质监测网络。为有效掌握全省水资源动态,从 1990 年起,浙江省以水文系统江河水质监测网络为基础,通过不断加强与完善,扩大了监测的范围,更新了监测设备,培训了人员,建立了监测工作制度和基本完善的水质监测网络。监测范围包括全省主要江河、市以上水源地及部分县市供水水源地,共有水质监测站点 155 个,基本控制了各大江河的主要控制断面的水质动态。从 2000 年起,各地通过委托形式,进一步扩大了监测范围,有效地解决了监测经费不足的问题,使相当部分中小河流纳入了监测范围,为监控水资源质量的动态变化打下了坚实的基础。

(5)基本建立了水资源管理的法规体系。为强化水资源管理,依法管理水资源,自 1988 年起陆续制定与颁布了《取水许可制度实施细则》《浙江省实施〈中华人民共和国水法〉办法》《浙江省水资源费征收管理暂行办法》等法规规章与规范性文件,建立了较为完善的法规体系,为依法管理水资源打下了良好的基础。

(6)开展了水资源管理基础工作。在基础工作方面,浙江省开展了较大规模的关于水资源开发利用现状的调查与评价工作,完成了全省各市县区的水资源开发利用现状的调查与评价工作,完成了全省有地下水开发利用或保护任务的县市区的地下水开发利用与保护的规划,完成了各大江河流域水资源开发利用规划,完成了水电资源的开发利用规划,有了较为详细的水电资源开发利用规划,这些规划为水资源管理提供了有力的支撑。在完成上述规划的同时,也开展了水资源保护的科学研究工作,完成了东苕溪环境容量研究、金华江环境容量研究及富春江引水环境问题研究等课题,开展了水功能区划分、用水定额编制、计量装置安装、排污口调查等各项基础工作,为开展水资源保护工作积累了经验,锻炼了队伍。

近年来,随着水资源配置问题的突出,开展了如钱塘江河口水资源调度,浙东、浙北、永乐、舟山大陆引水,建设了珊溪、汤浦、长潭供水网络的建设与研究等一系列开创性的工作。

为了适应水资源管理工作深入开展的要求,各级水行政主管部门在一定程度上与一些事业单位和中介机构开展了业务合作,经过多年的合作建立了较为稳定的业务合作关系,成为水资源管理工作的技术支撑体系。

二、黄河水资源管理现状

黄河流域面积占国土总面积的 8.3%,人口占全国的 12%,耕地占全国的 15%,但黄河天然径流量仅占全国的 2.2%,水资源总量仅占全国的 2.5%;流域内人均水资源总量 647 立方米,不到全国人均水资源总量的 30%;黄河供水区人均水资源总量 471 立方米,低于国际通用的水资源极度紧缺标准 500 立方米,居全国七大江河第 6 位。

黄河水资源具有资源贫乏,输沙、生态环境用水和外流域供水任务重,水资源地区分布不均,年内、年际变化大,连续枯水段长,以及天然径流受人类活动和下垫面影响较大的特点,造成水污染形势十分严峻。2002 年对黄河流域 83 个监测断面水质进行评价的结果表明,劣于Ⅲ类水质标准的断面占 79.5%;29 个省界断面,劣于Ⅲ类水质标准断面占 79.3%;10 处城市供水水源地(饮用水),90.0%水质不符合集中式生活饮用水地表水源地要求。对照功能区水质目标,52 个重点水功能区的 56 个代表断面水质达标率为 28.2%,黄河流域水质断面类别百分比如图 1-1 所示:

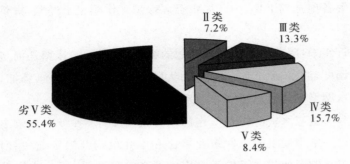

II 类
7.2%

III 类
13.3%

IV 类
15.7%

V 类
8.4%

劣 V 类
55.4%

图 1-1　黄河流域水质断面类别百分比图

面对相对贫瘠的水资源,黄河流域在水资源管理方面进行了积极的探索,现对取得的经验归纳总结如下:

(1)在我国大江大河中首次进行了流域初始水权分配。1987年国务院批准了"南水北调工程"生效前黄河可供水量分配方案。该方案采用的黄河天然径流量为 580 亿立方米,其中将 370 亿立方米的黄河可供水量分配给流域内 9 个省(区)及相邻缺水的河北省、天津市,分配给河道内输沙等生态用水 210 亿立方米,使黄河成为我国大江大河首个进行全河水量分配的河流。

(2)率先实施了以流域为单元的取水许可总量控制管理。按照国务院《取水许可制度实施办法》和水利部授权,黄河水利委员会(简称黄委)1994 年开始在流域管理中全面实施取水许可制度,负责黄河干流及重要跨省(区)支流取水许可的全额或限额管理,同时按照国务院批准的《黄河可供水量分配方案》,率先在全国以流域为单元实施取水许可总量控制管理。目前黄委共换发取水许可证 371 套。黄委发证的地表水取水工程,约可控制全部引黄耗水量的 57％,其中可控制干流耗用水的 75％左右;由黄委发证的地下水取水工程,其开采量尚不足流域地下水开采量的 1％。为防止取水失控,黄委加强了总量控制的动态管理,利用 2005 年取水许可换发证的契机,核减水量 17.6 亿立方米,同时针对一些省(区)虽然引黄用水总量没有超国务院分水指标,但干流或支流用水增加迅速的现实,在取水许可管理中开始实施干流与支流用水的双控制。

(3)积极、稳妥地开展了黄河水权转换试点工作。按照黄河可供水量分配方案,考虑丰增枯减原则,按照 1999—2003 年调度实施情况,青海、甘肃、宁夏、内蒙古和山东 5 个省(区)平均耗水量已超过年度分水指标,其中宁夏、内蒙古、山东 3 个省(区)也无新增取水许可指标。

三、福建省水资源管理现状

福建省依山面海,陆域面积 12.14 万平方千米,境内有 663 条河流,总长 13569 千米,主要有"五江一溪",即闽江、九龙江、晋江、汀江、赛江、木兰溪。全省雨量充沛,水资源比较丰富,多年平均水资源总量为 1196 亿立方米,人均 3500 立方米,为全国平均水平的 1.5 倍,可开发的水电资源达 1075 万千瓦。

2010 年,全省已建各类水利工程 34 万多处,建成各类水库 2930 座,其中大中型水库 157 座(包括在建),总库容 129.68 亿立方米;万亩以上灌区 141 处,1998 年全省有效灌溉面积 93.2 万公顷;城乡自来水厂 794 座,供水能力 595.9 万吨/日;已开发水电装机 530 万千瓦,建设江海堤防总长 5518 千米。各类水利工程在保证率为 75％时,可供水能力约为 274.7 亿立方米,水资源开发利用率已达 20％左右。

福建水资源丰足,为了优化水资源配置,近年来,福建省先后颁布了《福建省水法实施办法》《福建省取水管理办法》《福建省取水许可管理权限规定》《福建省水(环境)功能区划》《福建省取水工程或者设施验收暂行规定》《福建省取水工程或者设施验收规程(试行)》《福建省取用水计划和总结暂行规定》《福建省关于取水许可证领取程序的规定》《福建省水资源收费项目和标准》《福建省水资源费征收和使用管理规定》《关于加强取水计量装置检测促进计划用水节约用水的通知》等 10 多项地方规章与规范性文件,同时省内各市县也根据各自的工作重点与实际情况出台了《莆田市节水型灌区、节水型企业、节水型社区考核标准》《明溪县节约用水管理办法》《泉州市节约用水管理规定》《泉州市水资源红黄蓝分区区划及管理规定》《龙岩中心城市地下水资源管理规定》《尤溪县大池水库饮用水水源地保护管理办法》等一批规范性文件与标准。这些规章、规范性文件与标准基本涵盖了水资源管理、水资源保护、水资源节约、水资源执法监管等各个层面的核心管理行为,对国家确立的水资源管理基本工作制度进行了细化,进一步落实了工作职责,明确了具体操作要求,为保障水资源管理核心工作在本省的有效实施提供了有效保障。

此外,福建省完善水资源管理的内容主要有:

(1)进一步加强蓄水骨干工程、跨流域跨区域引调水工程和农村饮水工程建设。

(2)进一步加大水资源保护力度,省市两级基本成立了节约用水专门工作机构,与原有水资源管理机构一起共同承担水资源管理、节约、保护的有关工作,具体分工上侧重于负责节约用水管理制度的贯彻落实,认真开展用水定额和节水规划编制工作,制定出台了节水型社会建设指导意见,并确定莆田市为水利部节水型社会建设试点,另确定 8 个县为省级节水型社会建设试点。

(3)加强农业节水的建立力度,近几年累计新增有效灌溉面积 50 万亩,发展节水灌溉面积 265.96 万亩,灌溉水有效利用系数由 0.40 提高到 0.48。

(4)加大水资源保护工作力度,规范建设项目水资源论证和排污口审批管理,强化水(环境)功能区管理和纳污总量控制,开展以水库水源地为核心内容的水源地保护试点工作。

(5)加强水资源质量监测。设立福建省水环境监测中心以及各市级水环境监测中心,初步形成了全省水质监测网络。监测内容从过去单一的对河流水质监测发展到对供水水源地、主要水(环境)功能区、入河排污口、大型水库等各类水体的水质监测。

(6)开展地下水保护工作,通过摸清全省主要区域地下水资源开发利用现状及存在的问题,编制专项规划,划定地下水禁采区、可采区,拟定地下水可开采总量及相应保护措施,对地下水开采利用进行有效管理和控制。

四、辽宁省水资源管理现状

辽宁省是我国北方水资源严重短缺的省份之一,全省多年平均水资源总量为 363 亿立方米,人均占有水资源量 860 立方米,为全国人均占有量的 1/3,列全国第 21 位。首先,辽宁省水资源分布年际变化大,年内分配不均。全省最枯年与最丰年之比一般为 2—4 倍,东部地区的鸭绿江流域为 4—6 倍,而西部地区和沿海诸河为 7—20 倍。其次,在年内分配上,汛期水资源量所占比重大,为全年的 70%—80%,其他季节仅为 20%—30%。另外,水资源地区分布极不均匀,东部地区鸭绿江流域水资源最为丰富,占全省的 25%,人均占有量 4035 立方米;西部地区渤海西岸诸河、西辽河、青龙河流域水资源量最少,占全省的 14%,人均占有量 506 立方米;南部地区辽东沿海诸河流域水资源量占全省的 23%,人均占有量 1062 立方米;中部地区辽河中下游地区水资源量占全省的 38%,人均占有量 642 立方米。最后,辽宁省水资源与人口、土地资源、经济发展组合极不平衡。

目前,全省水资源开发利用程度为 40%,其中,中部地区人口、耕地均超过全省的一半,国民经济总产值占全省的 70% 以上,而水资源量仅占全省的 38%;东部地区鸭绿江流域人口、耕地不足全省的 8%,水资源量却占全省的 25%;辽西沿海诸河流域和辽东沿海诸河流域开发程度分别为 37%、22%,这两个流域除大凌河、小凌河、碧流河、大洋河外,均属源短流急的独流入海河流,不易开发。

面对恶劣的水资源分布处境,辽宁省积极地完善水资源管理,主要有以下内容:

(1)全省形成了水资源统一管理格局。水行政主管部门统一管理水资源的职能逐步得到加强,全省建立了以"五统一"管理为核心的水资源统一管理体制,部分地区还实现了水务一体化管理,探索和积累了水务管理经验,进一步加强水资源管理,统筹城乡水资源配置,强化水资源节约保护,为协调解决水资源问题奠定了体制基础。

(2)建立了较完备的水资源管理制度体系。到目前,全省已经建立了取水许可、水资源费征收、水资源论证、用水总量控制与定额管理、地下水保护区、水功能区和入河排污口监督管理等水资源管理制度。

(3)加强了水资源配置工作。完成了全省水资源综合规划和多个水资源专项规划,为水资源配置奠定了基础。全省对各类取水工程发放了取水许可证,基本实现了水资源的有序开发。

(4)积极推动节水型社会建设。在大连市开展了全国节水型社会建设试点工作,在鞍山、本溪、阜新、辽阳、朝阳等市开展全省节水型社会建设试点工作。2003年发布了辽宁省《行业用水定额》,2008年进行了修订。发布实施了"十一五"全省节水型社会建设规划,14个市都制订了本地区的节水型社会建设规划,确定了节水型社会建设的目标和任务。全省各地积极推进节水型社会建设,节水意识明显提高。

(5)加大了水资源保护力度。采取强制性和引导性措施,加强了地下水的保护。省人大颁布了《辽宁省地下水资源保护条例》,省政府划定了地下水保护区,对在保护区开采地下水实行加收水资源费政策。实施了地下水保护行动后,地下水超采和海水入侵的恶化趋势得到控制。

(6)加强了城市饮用水水源地保护,编制完成了全省城市饮用水水源安全保障规划。省政府批准了全省地表水水功能区划,加强了水功能区监督管理。

(7)完成了全省入河排污口的普查登记,结合取水许可和水资源论证,加强了对入河排污口监督管理。

(8)稳步推进水资源监测系统建设,加强了水量、水质监测工作,实施了全省地下水水位远程实时监测站网建设,对127个重点水功能区进行了水量水质监测,在大凌河流域建设了市际行政界地表水监测站网。

(9)加强了水资源管理基础工作。完成了第二次全省水资源评价工作。

(10)加强了水资源统计体系建设与信息发布工作。建立了水资源管理年报、水务管理年报、水资源费征收月报、水资源论证年报等水资源管理统计制度。按月发布了《辽宁省重点水功能区水量水质通报》,按季度发布了《地下水通报》,按年发布了全省和各市水资源公报。

五、山东省水资源管理现状

山东全省多年平均当地淡水资源总量为 303 亿立方米,仅占全国水资源总量的 1.1%。全省人均占有水资源量仅 334 立方米(按 2000 年末统计人口数),不到全国人均占有量的 1/6,仅为世界人均占有量的 1/25,列全国各省(市、自治区)倒数第 3 位。按 2000 年末全省耕地面积计算,全省亩均水资源占有量 263 立方米,仅为全国亩均占有量的 1/7。总体而言,水资源总量不足,人均、亩均水资源占有量偏低。

山东省在水资源管理上取得的经验有:

(1)严格规划管理和水资源论证。加强相关规划和项目建设布局水资源论证工作,国民经济和社会发展规划以及城市总体规划的编制、重大建设项目的布局应当与当地的水资源条件和防洪要求相适应。需要取水或需要增加取水的建设项目必须建立水资源论证制度,对于需要审批和核准的建设项目,立项前必须进行水资源论证;对于需要备案的建设项目,在备案后、取水前必须进行水资源论证。未依法开展水资源论证的,水行政主管部门不得批准取水许可申请,发展改革部门不得批准立项。

(2)严格区域用水总量和年度用水总量控制。建立用水总量控制指标和年度用水控制指标管理相结合的制度,实行区域取用水总量控制。对取用水总量达到或超过年度用水控制指标的县区,限制审批建设项目新增取水,对取用水总量达到或超过用水总量控制指标的,暂停审批新增取水。在水量分配方案的基础上,鼓励地区之间开展水量交易,运用市场机制,合理配置水资源。

(3)取水必须经过许可审批。严格规范取水许可审批管理,对未开展水资源论证的,不符合国家产业政策的,在地下水超采区取用地下水的,未配套建设节水设施的,退水水质不符合水功能区水质目标要求的,水行政主管部门均不得批准取水许可申请。

(4)用水必须安装计量设施。工业、服务业和居民生活用水,必须安装取水计量设施,逐步将所有取用水户纳入规范化管理。农业灌溉应当完善量水计量设施,逐步实行计量收费。

(5)用水必须缴纳水资源费。认真落实水资源有偿使用制度,依法加强水资源费征缴管理,严格做到征收执行到位、收费标准执行到位、计量收费执行到位、"收支两条线"执行到位,任何单位和个人不得擅自减免、缓征或停征水资源费。向城市排水设施排放污水的还必须缴纳污水处理费。

(6)违规取水必须严肃查处。对于非法打井、无证取水、不安装取水计量设施、拒缴水资源费和污水处理费等违法违规行为,一经发现将严肃处理。

(7)加强雨洪水资源开发利用。坚持除害兴利相结合,妥善处理好防洪、除涝、灌溉、供水和生态保护的关系,统筹运用各类非工程措施,最大限度提高雨洪水资源的利用效率。

此外,近年来山东在水资源有偿转让即水权转让方面也进行了大胆的革新,如山东潍坊的临朐县水利局和寿光市水利局达成了供水协议,临朐县将在正常年份时每年向寿光市有偿供水3000万立方米,两个地区之间进行了水权转让,这是山东水利部门在探索实行最严格的水资源管理制度过程中做出的一项实践。在水资源管理用水计划总量控制方面,2011年1月1日,山东省正式实施《山东省用水总量控制管理办法》(以下简称《办法》)。根据该

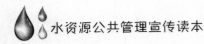

《办法》,山东各地的年度用水控制指标,要根据各地水资源开发利用量、用水效率考核结果等条件,由上级水行政主管部门下达具体指标。《办法》还提出,鼓励运用市场机制合理配置水资源,区域之间可以在水量分配方案的基础上进行水量交易。

第二章 水资源公共行政管理

水资源管理首先是一种公共行政管理,而不是水资源的供给,是通过管理合理配置水资源。

水资源公共行政管理的主体是法律规定的水行政主管部门。水行政主管部门由中央和地方国家行政机关依法确定的负责水行政管理和水行业管理的各级水行政机关的总称。我国最高水行政主管部门为水利部。

第一节 水资源公共行政管理的基础

自然资源纳入公共行政管理范畴,必须满足以下条件:(1)资源的有限性。(2)资源的必要性。(3)资源的稀缺性。(4)资源的可管理性。(5)政府管理成本相对较低。(6)产权难以界定,开发秩序混乱。

资源的有限性:"取之不尽、用之不竭"的资源是不需要进行管理的。

资源的必要性:资源的必要性是人们对资源进行争夺的前提,会引发开发利用秩序问题,因此需要进行管理。

资源的稀缺性：资源的有限并不意味着稀缺，至少在一定的历史阶段不存在稀缺性。不存在稀缺性的资源没有管理也不会引发问题，至少在当前的历史阶段它不会引发问题，所以也没有必要进行管理。

符合上述条件的资源一般都是管理的对象，但是在管理的实践中，我们也发现符合上述三个条件的资源，有的管理起来较为顺利，而有的则难以实施有效管理。导致这种现象的原因是多方面的，但其中最重要的问题是"资源的可管理性"。

水是生命之源，是生态环境最重要的因子之一，是经济社会发展不可替代的自然资源。首先，随着经济社会的快速发展，人类开发利用自然资源的能力不断增强，为满足经济社会发展对水资源的需求，人类不断加大对水资源的开发利用力度。但随着开发力度的不断加大，河流断流、地下水位急剧下降、水生生物种群退化、濒危物种名单不断加长的问题不断出现，因此开发利用的边际成本快速升高，生态的制约越来越大，明确地告诉我们传统的水资源利用模式再也不可持续。在防止全球或一个区域生态系统出现灾难性问题的前提下，解决人类经济社会不断发展对水资源的需求问题，唯一的出路就是加强管理。通过管理水平的提高，促进水资源使用与配置效率的提高，从而满足经济社会不断发展的需求。再者，由于水资源的日益紧缺，因经济活动和生存引发的争夺水资源的事件也不断出现，需要政府采用强制力对其进行规范。最后，水资源的流域性、区域性、重复性特点，使得它不能采取与其他自然资源一样的以市场管理为主导的管理模式。为此，《中华人民共和国水法》将水资源纳入了行政管理的范畴。

水资源公共行政管理的基础问题是：

（1）行政管理力量有多少？

（2）需要行政管理的力量是多少？

（3）二者如何平衡？

（4）开展行政管理需要的基础工作是什么？

（5）如何评价行政管理的绩效？

（6）需要哪些指标？

（7）行政管理的有效手段有哪些，各适用于什么范围？

（8）管理的边界是什么，如何划定并用适当的方式告知公众？

第二节　水资源公共行政管理的任务

资源管理的目标有两个，一是合理开发利用节约保护资源，二是维护资源开发利用的秩序。

自然资源是人类生存与发展的先决条件，是人类社会存在与发展的基础，人类通过开发利用资源获得生存的条件与利益，但是在开发利用中由于受到利益的驱使，极易出现过度开发、浪费资源、破坏资源的情况。为了防止这种现象的发生，必须由政府进行管理。同时，在资源开发利用过程中，不可避免地会出现资源开发者之间的利益纠纷，从而影响社会的稳定，因此也必须由政府对其进行管理，维护正常的开发利用秩序。

水资源公共行政管理是从另一个角度看待水资源问题：如何提高公共行政管理的效率，如何用有限的力量维护合理的用水秩序，如何通过管理措施提高用水的效率，解决需求管理的问题。

第三节　水资源公共行政管理的对象

人类对水资源的管理只是对使用方式进行管理，规范人类用水的方式,从而达到资源的合理开发与利用,避免产生生态方面的问题。而用水的方式,主要体现在工业用水、农牧业用水与生活用水方面。我国农村人口巨大,农村生产水平相对低下,尚未完成农业工业化。而城市已经基本完成了工业化,组织化程度、劳动力素质较高,具备了管理的基础条件,农业由于其组织化程度较低,处于自然经济状态,农业以户为单位,技术装备、劳动力素质低下,难以实施有效的管理。采取严格的管制性管理,需要投入巨大的监测设施与装备力量,并需要巨大的监督力量,这都与我国当前的水资源管理力量不相符合。因此,当前水资源管理的重点应当放在城市与工业的用水管理上,而不是放在农业用水管理上。

现阶段,城市用水和工业企业用水组织化程度均已较高,已具备全面进行取用水管理的条件;农业除了少数组织化水平较高的灌区和农业企业外,还不具备全面开展取用水管理的组织条件。城市用水以自来水的商品属性为纽带实现了用水群体的组织化;企业是社会化生产条件下,为了实现某种经济利益而形成的组织,因此也实现了用水的组织化。由于传统农业经济模式尚未得到根本改变,农业生产仍处于分散状态,农民的组织化程度还很低,导致农业用水行为也呈现分散、无序、低效的状况。具体来说,农业用水的计量制度、用水收费制度等都没有建立起来,因此,近期内农业用水尚不具备制度化管理的条件,工作重点应放在节水技术的示范、推广和促进农村用水组织发展上。

第四节　水资源公共行政管理的手段

水资源公共行政管理是在国家实施水资源可持续利用、保障经济社会可持续发展战略方针下的水事管理,涉及水资源的自然、生态、经济、社会属性,影响水资源复合系统的诸方面。因而,管理方法必须采用多维手段,相互配合、相互支持,才能达到水资源、经济、社会、环境协调持续发展的目的。法律、行政、经济、技术、宣传教育等综合手段在管理水资源中具有十分重要的作用,依法治水是根本、行政措施是保障、经济调节是核心、技术创新是关键、宣传教育是基础。

一、法律手段

水资源管理方面的法律手段,就是通过制定并贯彻执行水法规来调整人们在开发利用、保护水资源和防治水害过程中产生的多种社会关系和活动。依法管理水资源是维护水资源开发利用秩序、优化配置水资源、消除和防治水害、保障水资源可持续利用、保护自然和生态系统平衡的重要措施。

水资源采用法律手段进行管理,一般具有以下两个特点。一是具有权威性和强制性。这些法律法规是由国家权力机关制定和颁布,并以国家机器的强制力为坚强后盾,带有相当的严肃性,任何组织和个人都必须无条件地遵守,不得对这些法律法规的执行进行阻挠和抵抗。二是具有规范性和稳定性。法律法规是经过认真考虑、严格程序制定的,其文字表达准确,解释权在相应的立法、司法和行政机构,绝不允许对其做出任意性的解释。同时一经颁布实施,就将在一定的时期内有效执行,具有稳定性。

我国在《水法》中做出了比较详细的规定,以便使水资源管理实现法制化、规范化,其主要内容如下:

(1)未经批准擅自取水,未依照批准的取水许可规定条件取水的,由县级以上人民政府水行政主管部门或者流域管理机构依据职权,责令停止违法行为,限期采取补救措施,处二万元以上十万元以下的罚款,情节严重的,吊销其取水许可证。

(2)拒不缴纳、延期缴纳或者拖欠水资源费的,由县级以上人民政府水行政主管部门或者流域管理机构依据职权,责令限期缴纳,逾期不缴纳的,从滞纳之日起加收滞纳部分千分之二的滞纳金,并处应缴或者补缴水资源费一倍以上五倍以下的罚款。

(3)拒不执行水量分配方案和水量调度预案的;拒不服从水量统一调度的;拒不执行上一级人民的政府裁决的;在水事纠纷解决前,未经各方达成协议或者上一级人民政府批准,单方面违反本法规定改变水的现状的,对负有责任的主管人员和其他直接责任人员依法给予行政处分等。这对违反国家规定的水事行为明确了依法处理的要求。

水资源管理一方面要靠立法,把国家对水资源开发利用和管理保护的要求、做法,以法律形式固定下来,强制执行,作为水资源管理活动的准绳;另一方面还要靠执法,有法不依、执法不严,会使法律失去应有的效力。水资源管理部门应主动运用法律武器管理水资源,协助和配合司法部门与违反水资源管理法律法规的犯罪行为做斗争,协助仲裁;按照水资源管理法规、规范、标准处理危害水资源及其环境的行为,对严重破坏水资源及其环境的行为提起公诉,甚至追究法律责任;也可依据水资源管理法规对损害他人权利、破坏水资源及其环境的个人或单位给予批评、警告、罚款、责令赔偿损失等。依法管理水资源和规范水事行为是确保水资源实现可持续利用的根本所在。

我国自20世纪80年代开始,从中央到地方颁布了一系列水管理法律法规、规范和标准。目前已初步形成了由国家《宪法》《水法》《环境保护法》《水污染防治法》《水土保持法》《取水许可制度实施办法》《水利工程管理条例》等水管理法律法规体系。通过这些法律法规,明确了水资源开发利用和管理各行为主体的责、权、利关系,从而规范了各级、各地区、各部门及个人之间的行为,成为有效管理水资源的重要依据和手段。

二、行政手段

行政手段又称为行政方法,它是依靠行政组织或行政机构的权威,运用决定、命令、指令、指示、规定和条例等行政措施,以权威和服从为前提,直接指挥下属的工作。采取行政手段管理水资源主要指国家和地方各级水行政管理机关依据国家行政机关的行政法规所赋予的组织和指挥权力,对水资源及其环境管理工作制定方针、政策,建立法规、颁布标准,进行监督协调。实施行政政策和管理是进行水资源管理活动的体制保障和组织行为保障。

水资源行政管理主要包括如下内容:

(1)水行政主管部门贯彻执行国家水资源管理战略、方针和政策,并提出具体建议和意见,定期或不定期向政府或社会报告本地区的水资源状况及管理状况。

(2)组织制定国家和地方的水资源管理政策、工作计划和规划,并把这些计划和规划报请政府审批,使之具有行政法规效力。

(3)运用行政权力对某些区域采取特定管理措施,如划分水源保护,确定水功能区、超采区、限采区,编制缺水应急预案等。

(4)对一些严重污染破坏水资源及环境的企业、交通等要求限期治理,甚至勒令其关、停、并、转、迁。

(5)对易产生污染、耗水量大的工程设施和项目,采取行政制约方法,如严格执行《建设项目水资源论证管理办法》《取水许可制度实施办法》等,对新建、扩建、改建项目实行环保和节水"三同时"原则。

（6）鼓励扶持保护水资源、节约用水的活动，调解水事纠纷等。

行政手段一般带有一定的强制性，否则管理功能无法实现。长期实践充分证明，行政管理既是水资源日常管理的执行渠道，又是解决水旱灾害等突发事件强有力的组织者和执行者。只有通过有效力的行政管理才能保障水资源管理目标的实现。

三、经济手段

水利是国民经济的一项重要基础产业，水资源既是重要的自然资源，也是不可缺少的经济资源。经济管理就是利用价值规律，运用价格、税收、信贷等经济杠杆，控制生产者在水资源开发中的行为，调节水资源的分配，促进合理用水、节约用水，限制和惩罚损害水资源、破坏环境以及浪费水的行为，奖励保护水资源、节约用水的行为。

国内外水资源管理的经验证明，水资源管理的经济方法主要包括以下五个方面：

（1）制定合理的水价、水资源费等各种水资源价格标准。

（2）制定水利工程投资政策，明确资金渠道，按照工程类型和受益范围、受益程度合理分摊工程投资。

（3）建立保护水资源、恢复生态环境的经济补偿机制，任何造成水质污染和水环境破坏的，都要缴纳一定的补偿费用，用于消除造成的危害。

（4）采用必要的经济奖惩制度，对保护水资源及计划用水、节约用水等各方面有贡献者实行经济奖励，对不按计划用水、任意浪费水资源及超标准排放污水等行为实行严厉的经济罚款。

（5）根据我国国情，尽快培育水市场，允许水资源使用权的有偿转让。

自 20 世纪 70 年代后期以来,我国北方地区出现了严重的水危机,各级水资源管理部门开始采用经济手段以强化人们的节水意识。1985 年国务院颁布了《水利工程水费核订、计收和管理办法》,对我国水利工程水费标准的核定原则、计收办法、水费使用和管理首次进行了明确的规定,这是我国利用经济手段管理水资源的有益尝试。

　　为将经济手段管理的方法纳入法制轨道,1988 年 1 月全国人大常委会通过的《中华人民共和国水法》明确规定:"使用供水工程供应的水,应当按照规定向供水单位缴纳水费。""对城市中直接从地下取水的单位,征收水资源费。"这使水资源的经济管理手段在全国内开展获得了法律保证。

四、技术手段

　　技术手段是充分利用科学技术是第一生产力的基本理论,运用那些既能提高生产率,又能提高水资源开发利用率,既能减少水资源在开发利用中的消耗,又能将对水资源及其环境的损害控制在最小限度的技术以及先进的水污染治理技术等,以达到有效管理水资源的目的。

　　运用技术手段,可以实现水资源开发利用及管理保护的科学化。技术手段包括的内容很多,一般主要包括以下几个方面:

　　(1)根据我国水资源的实际情况,制订切实可行的水资源及其环境的监测、评价、规划、定额等规范和标准。

　　(2)根据监测资料和其他有关资料,对水资源状况进行评价和规划,编写水资源报告书和水资源公报。

　　(3)学习其他国家在水资源管理方面的经验,积极推广先进的水资源开发利用技术和管理技术。

（4）积极组织开展水资源等相关领域的科学研究,并尽快将科研成果在水资源管理中推广应用等。

多年管理的实践证明:不仅水资源的开发利用需要先进的技术手段,而且许多水资源政策、法律、法规的制定和实施都涉及许多科学技术问题,能否实现水资源可持续利用的管理目标,在很大程度上取决于科学技术水平。因此,管好水资源必须以科教兴国战略为指导,依靠科技进步,采用新理论、新技术、新方法,实现水资源管理的现代化。

五、宣传教育手段

宣传教育既是搞好水资源管理的基础,也是实现水资源有效管理的重要手段。水资源科学知识的普及、水资源可持续利用观的建立、国家水资源法规和政策的贯彻实施、水情通报等,都需要通过行之有效的宣传教育来实施。同时,宣传教育还是保护水资源、节约用水的思想发动工作,是充分利用道德约束力量来规范人们对水资源的行为的重要途径。通过报纸、杂志、广播、电视、展览、专题讲座、文艺演出等各种传媒形式,广泛宣传教育,使公众了解水资源管理的重要意义和内容,提高全民水患意识,形成自觉珍惜水、保护水、节约用水的社会风尚,更有利于各项水资源管理措施的执行。

同时,应通过水资源教育培养专门的水资源管理人才,并采用多种教育形式对现有管理人员进行现代化水资源管理理论和技术的培训,全面加强水资源管理能力建设力度,以提高水资源管理的整体水平。

六、加强国际合作

水资源管理的各方面都应注意经验的传播交流,将国外先进的管理理论、技术和方法及时吸收进来。涉及国际水域的水资源问题,要建立双边或多边的国际协定或公约。

在水资源管理中,上述管理手段相互配合、相互支持,共同构成处理水资源管理事务的整体性、综合性措施,可以全方位提升水资源管理能力和效果。

第五节 水资源公共行政管理的依据

由于水日益成为一种重要的经济与生存资源,争夺对其控制权蕴藏着巨大的经济利益,不将其纳入公共行政管理的范畴,必将带来混乱,因此必须进行管理。

一、实行水资源公共行政管理符合水资源的自然属性

水资源具有循环可再生性、时空分布不均匀性、应用上的不可替代性、经济上的利害两重性等特点,而循环可再生性是水区别于其他资源的基本自然属性。水资源始终在降水—径流—蒸发的自然水文循环之中,这就要求人类对水资源的利用形成一个水源—供水—用水—排水—处理回用的系统循环。

二、水资源公共行政管理是确保经济社会可持续发展的必然选择

水是生命之源,也是农业生产和整个国民经济建设的命脉。

中国经济的快速发展,现代农业、现代工业特别是高新技术产业、旅游服务业的蓬勃兴起,对水质、水环境及水资源的可持续利用提出了越来越高的要求。社会经济的可持续发展需要水资源可持续利用作为基本的物质支撑。水资源的可持续利用是指"在维持水的持续性和生态系统整体性的条件下,支持人口、资源、环境与经济协调发展和满足代内和代际人用水需要的全部过程",它包括两层含义:一是代内公平和代际公平,即现代人对水资源的使用要保证后代人对水的使用至少不低于现代人的水平;二是区域之间的公平取水权,即上中下游、左右岸之间水资源的可持续利用。在现有的流域管理体制下,各用水户受自身利益影响,用水考虑的是自我发展的需要,不会主动考虑他人及后代人的需要,因而有必要建立一个权威机构,依据流域的总体规划和政策,推动用水成本内部化和水权市场化,对区域的水权、水事活动等进行配置、监控、协调,才能实现水资源可持续利用,满足全流域社会经济可持续发展的要求。

三、水资源公共行政管理有利于提高水管理的效率

水资源管理是一个庞大而复杂的系统工程,它是水系统、有关学科系统、经济和社会系统的综合体。它既受自然环境的影响,又受社会发展的影响,它涉及自然科学与社会科学的众多学科和业务部门,关系十分广泛、复杂。水资源系统是一个有机的整体,而体制上的分割管理破坏了水资源有机整体,地面水和地下水分割管理,供水、排水分割,城乡供水分治,工农业用水分割管理等,都严重阻碍了水资源的协调发展、合理调度和有效管理。水资源公共行政管理对提高水资源管理效率、实现水系统的良性循环具有重要的意义。

四、水资源公共行政管理有利于水资源高效配置

一般来说,在一个较大的流域内,沿河道有许多不同的行政区域。行政区域是政治、文化、经济活动的单元,出于本位利益的考虑,在水资源的利用上总是追求自身利益的最大化。在没有进行流域管理的情况下,各行政区域拥有水资源的配置权,不同行业可以在本区域内自行配置取水量。其结果,水的利用可能在各区域内实现了利益最大。但从全流域看,水的使用效率并不高,不可能达到最优状态。以流域为单元对水资源进行公共行政管理,根据各区域不同的土地、气候、人力等资源与产业优势,从流域的全局出发,依据流域的水资源特点,权衡利弊、统筹安排,可实现水资源高效配置。流域管理是在协商的基础上合理分配流域水资源,限制高耗水产业的发展,提高水资源的使用效率,可使有限的水资源发挥最大的效益。此外,流域管理将从全流域的角度出发,制定出合理的有偿使用制度和节水机制,通过流域管理机构监督上、中、下游地区的执行,避免了各区域政府从自身利益出发,各自为政的状况。

流域是一个由水量、水质、地表水和地下水等部分构成的统一整体,是一个完整的生态系统。在这个生态系统中,每一个组成部分的变化也会对其他组成部分的状况产生影响,乃至对整个流域生态系统的状况产生影响。由流域的这种整体性特点所决定,在流域的开发、利用和保护管理方面,只有将每一个流域都作为一个空间单元进行管理才是最科学、最有效的。因为在这个单元中,管理者可以根据流域上、中、下游地区的社会经济情况、自然环境和自然资源条件以及流域的物理和生态方面的作用和变化,将流域作为一个整体来考虑开发、利用和保护方面的问题。这无疑是最

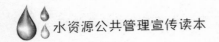

科学、最适合流域可持续发展之客观需要的。

五、水资源公共行政管理是国际普遍趋势

水的最大特征是流动性,水的流动性决定了它的流域性。流域是一个天然的集水区域,是一个从源头到河口自成体系的水资源单元;是一个以降水为渊源、以水流为基础、以河流为主线、以分水岭为边界的特殊区域概念。水资源的这种流动性和流域性,决定了水资源按流域统一管理的必然性。一个流域是一个完整的系统,流域的上中下游、左右岸、支流和干流、河水和河道、水质与水量、地表水与地下水等,都是该流域不可分割的组成部分,具有自然统一性。依据水资源的流域特性,发展以自然流域为单元的水资源统一管理模式,正为世界上越来越多的国家所认识和采用。国外流域管理的一个鲜明特点是注重流域立法。世界各国都把流域的法制建设作为流域管理的基础和前提。流域管理的法律体系包括流域管理的专门法规和在各种水法规中有关流域管理的条款。当前,加强和发展流域水资源的统一管理,已成为一种世界性的趋势和成功模式。

第六节　水资源公共危机管理

目前的水资源管理体系对公共水资源危机做了一些规定,但不够系统,某些规定并不是针对公共危机事件的。水资源公共危机应当定义为突发事故引发的危机,而不包括区域性、阶段性、长期性问题导致的水资源供给问题。因为两类事件处理的方式、可能引发的后果、造成的影响都有极大的区别。不进行正确与严格的划分,会混淆概念,影响处理效果。

水危机管理,即水管理中的非常规情况的管理,一般指发生洪涝、干旱灾害或重大水环境灾害等。在水危机的情况下,一般市场的手段不能有效解决危机,因此,在危机时,政府将主导危机管理。从这点出发,我国的水危机管理的体制安排是比较有效的。水危机管理是水管理中十分关键的组成部分,其成功与否直接影响经济的发展和社会的稳定。

第七节 水资源应急管理

突发事件是指在一定区域内突然发生的,规模较大且对社会产生广泛负面影响的,对生命和财产构成严重威胁的事件或灾难。水资源突发事件应急管理则是为了降低水资源突发事件的危害,基于对造成突发事件的原因、突发事件发生和发展过程以及所产生的负面影响的科学分析,有效集成社会各方面资源,采用现代技术手段和现代管理方法,对突发事件进行有效的应对、控制和处理的一整套理论、方法和技术体系。

这里的水资源事件不再单纯地指自然界发生的与水有关的灾害,而是对社会具有负面影响的灾害性自然现象或人为事故,如:江河洪水、渍涝灾害、山洪灾害、干旱灾害、供水危机、水体污染等。

水资源作为基础的自然资源和战略性的经济资源,已引起了全社会的关注。水资源的安全与社会各部门的安全息息相关,一旦发生诸如供水危机或水体污染等水资源突发事件,若处置不当,不但会造成大量的经济损失,而且会在全社会公众卫生及公共安全层面引起负面效应。现代应急管理不再是某个部门单独对某个突发事件进行管理和应对,而是多部门、多机构对突发事件进行协同应对。

我国现行流域水资源管理涉及水利、电力、土地、林业、农业、环保和交通等部门，基本上属于分散型管理体制。一般说来，我国流域水资源管理与水污染控制分属不同部门，水量和水能由水利和电力部门管理，城市供水与排水由市政部门管理，国家环保局虽然全面负责水环境保护与管理，但是它与其他很多机构分享权力，责权交叉多。流域综合管理机构对水资源分配与协调方面的作用并不明显，尚未形成整套的有效水资源集成管理体系。

现代水资源突发事件的应急管理不但需要上述的水资源管理部门的协调处理，还需要医疗卫生和公共安全等部门的通力协作。所以如何在多部门交叉协作的背景下，建立一套跨学科、跨专业、迅速、合理、有效的评估模型是水资源突发事件应急管理研究的重点之一。

水资源的应急管理是提高水资源管理效率的重要手段，作为庞大的水资源供需系统，虽然不可能百分之百地保证其可靠性，但公众的用水安全与社会的供水是必须保障的。要实现这一目标，就必须采用应急管理。

水资源供给必须承担一定的风险，将这一类风险作为公共危机，采用非正常条件下供水的策略，从而可以大大降低对水资源的需求，减轻对生态的破坏。

从理论上讲，作为供水系统这样一个大的复杂系统，保证其稳定运行当然有其必要性，而且是必需的。但由于该系统过于庞大、复杂，突发事故是不可能完全避免的，因此必须树立预防事故发生的意识。实际上，作为这样的一个系统，要保证在事故发生时，能够将其影响范围控制在尽可能小的范围，保证系统不至于崩溃。在事故处理后，能够尽快地恢复系统的运作。

第三章　水资源公共管理制度

　　近年来,国家层面相继颁布或修订了《水法》《取水许可和水资源费征收管理条例》《黄河水量调度条例》《水文条例》等法律法规,并相继出台了《水资源费征收使用管理办法》《取水许可管理办法》《水量分配暂行办法》《入河排污口监督管理办法》《建设项目水资源论证管理办法》等规章制度,已经初步形成了水资源管理制度的基本框架。但现有的水资源管理制度法规还不够健全,需进一步完善。此外,地方性的配套法规政策相对较为欠缺,为更好地落实最严格水资源管理制度,还需要对现有水资源管理工作制度及其主要关系进行梳理,形成更为清晰的工作体系。水资源管理主要制度体系框架总结提炼如图 3-1 所示:

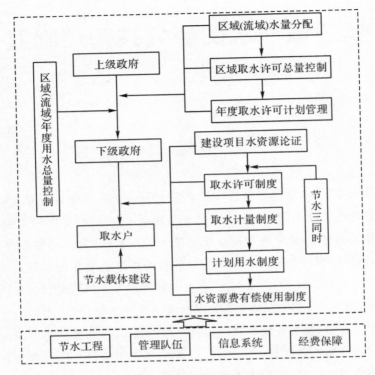

图 3-1　水资源管理制度体系框架图

如图 3-1 所示,在水资源管理制度框架设计中,水资源管理制度框架总体上可以概括为"以取水许可总量控制为主要落脚点的资源宏观管理体系,以取水许可为龙头的资源微观管理体系,以完善的监管手段为基础的日常监督管理体系"。

要建立以总量控制为核心的基本制度架构,必须以区域(流域)水量分配工作为龙头,按照最严格水资源管理制度的要求对现有水资源规划体系进行整合,提出区域(流域)取水许可总量的阶段控制目标,并通过年度下达取水许可指标的方式予以落实。同时,根据年度水资源特点,在取水许可总量管理的基础上,下达区域年度用水总量控制要求。

在上级下达的取水许可指标限额内,基层水资源行政主管部门组织开展取水许可制度的实施。目前,取水许可制度的对象包含自备水源取水户与公共制水企业两大类。

自备水源取水户具有"取用一体"的特征,现有的制度框架能够满足强化需水管理的要求,但需要进一步深化具体工作。首先,要深化建设项目水资源论证工作,进一步强化对用水合理性的论证,科学界定用水规模,明确提出用水工艺与关键用水设备的技术要求,同时,明确计量设施与内部用水管理要求。其次,要进一步细化取水许可内容,尤其要把与取用水有关的内容纳入取水许可证中,以便于后续监督管理。再次,建设项目完成后,要组织开展取用水设施验收工作,保障许可规定内容得到全面落实,同时也保障新建项目计量与"节水三同时"要求的落实。最后,以取水户取水许可证为基础,根据上级下达的区域年度用水总量控制要求,结合取水户的实际用水情况,分解下达取水户年度用水计划,作为年度用水控制标准,同时也作为超计划累进水资源费制度实施的依据。

公共制水企业具有"取用分离"的特征,而现有制度框架只能对直接从江河湖泊(库)取水的项目进行管理。公共制水企业覆盖一个区域而非终端用水户,其水资源论证工作只能对用水效率进行简单的分析,目前也只能对其取水量进行管理,而无法对管网终端用水户的用水效率进行有效监管。

在水资源管理制度体系中,节水工程、管理队伍、信息系统及经费保障作为基础保障工作也需要建立相应的建设标准和规章制度。

依法治国是我国《宪法》所确定的治理国家的基本方略。水资源关系国民经济、社会发展的基础，在对水资源进行管理的过程中，也必须通过依法治水才能实现水资源开发、利用和保护的目的，满足经济、社会和环境协调发展的需求。

第一节　取水许可制度解读

一、取水许可制度解读

取水许可制度是水资源管理的基本制度之一，其法律依据是水资源属于国家所有，体现的是水资源供给管理思想，目的是避免无序取水导致供给失衡。

做好许可管理需要具备下列条件：

(1)符合水资源管理要求的规划。

(2)根据规划编制的供水计划。

(3)用户需水量是清楚的、可统计的，其需求是可以预测的。

(4)政府对用户用水的合理性是可以判断的。

(5)来水是可以预测的。

(6)有明确系统的操作规范与完整的技术标准。

取水许可制度是为了促使人们在开发和利用水资源的过程中，共同遵循有计划地开发利用水资源、节约用水、保护水环境等原则。此外，实行取水许可制度，也可对随意进入水资源的行为加以制约，同时也可对不利于资源环境保护的取水和用水行为加以监控和管理。取水许可制度的主要内容应包括：(1)对有计划地开发和利用水资源的控制和管理。(2)对促进节约用水的规范和管理。(3)对取水和节约用水规范执行状况的监督和审查。(4)规范和统一水资源数据信息的统计、收集、交流和传播。(5)取水和用水行为的奖惩体系。

取水许可制度的功能发挥,关键在于取水许可制度的科学设置和取水许可的申请、审批、检查、奖惩等程序的规范实施。

取水许可属于行政许可的一种,其目的是为了维护有限水资源的有序利用,许可的相对物是取水行为,包括取水规模、方式等,属于取水权的许可,而不是取水量的许可。取水权的基本含义应为正常的自然、社会经济条件下,取水户以某种方式获取一定水资源量的权利。它包含以下几层含义:(1)取水权的完全实现是以自然、社会经济条件的正常为前提的。在特殊情况下,政府有权力为了保障公众利益和整体利益启动调控措施,对取水权进行临时限制。(2)取水权所包含的取水量是正常条件下取水户取水规模的上限。(3)取水权不仅仅是量的概念,还包含了取水方式、取水地点等取水行为特征。(4)政府依法启动调控措施时,须采取措施降低对取水户的影响,如提前进行预警、适当进行补偿等。

国内外水资源开发利用实践充分证明:提高水资源优化配置水平和效率,是提高水资源承受能力的根本途径;实施和完善取水许可制度,是提高水资源承载能力的一项基本措施。实施取水许可制度,在理论和实践上,应首先考虑自然水权和社会水权的分配问题,也就是社会水权的总量、分布与调整问题。完善取水许可制度,实质上就是加强取水权存量管理,提高水资源承载能力和优化配置效率;加强宏观用水指标总量控制和微观用水指标定额管理,促进计划用水、节约用水和水资源保护;建立水资源宏观总量控制指标体系和水资源微观定额管理指标体系,提高水资源开发利用效率。

取水许可制度,这是大部分国家都采用的一种制度安排。从各国的法律规定来看,用水实行较为严格的登记许可制度,除法律规定以外的各种用水活动都必须登记,并按许可证规定的方式用水。取水许可制度除规定用水范围、方式、条件外,还规定了许可证申请、审批、发放的法定程序。

1949 年中华人民共和国成立后,我国曾长期实行计划经济,通过计划调配手段配置资源。《宪法》中对自然资源的所有权做过明确规定,但是对水资源开发利用和管理中的权利义务及管理制度缺乏具体规范。20 世纪 80 年代,由于经济社会的发展,用水量增加,特别是北方地区水资源供需矛盾日趋严重。为适应要求,各地各级政府开始探索建立包括水资源调查评价、取水管理等加强水资源管理的制度,为制定水法律奠定了基础。

1988 年,《中华人民共和国水法》(以下简称《水法》)颁布实施。在总结水资源开发利用和管理的经验教训的基础上,《水法》设立了一系列水资源管理制度。《水法》规定了取水许可和征收水资源费的制度。1993 年,我国又颁布了《取水许可制度实施办法》,对通过取水许可获得的权利和义务、获取程序和监督管理等都做了规定,使我国的取水开始走上法制化的道路。

在取水许可方面,我国在《水法》中规定,除家庭生活和零星散养、圈养畜禽等少量取水外,直接从江河、湖泊或者地下取用水资源的单位和个人,应当按照国家取水许可制度和水资源有偿使用制度的规定,向水行政主管部门或者流域管理机构申请领取取水许可证,并缴纳水资源费,取得取水权。实施取水许可制度和征收管理水资源费的具体办法由国务院规定,国务院水行政主管部门负责全国取水许可制度和水资源有偿使用制度的具体实施。用水应当计量,并按照批准的用水计划用水。用水实行计量收费和超定额累进加价制度。

二、建设项目水资源论证制度解读

建设项目水资源论证工作是改变过去"以需定供"粗放式的用水方式,向"以供定需"节约式的用水方式转变过程中的一项重要工作。建设项目立项前进行水资源论证,不仅可以促使水资源的高效利用和有效保护,保障水资源可持续利用,降低建设项目在建设和运行期的取水风险,保障建设项目经济和社会目标的实现,还可通过论证,使建设项目在规划设计阶段就考虑处理好与公共资源——水的关系,同时处理好与其他竞争性用水户的关系。这样,不仅可以使建设项目顺利实施,即使今后出现水事纠纷,由于有各方的承诺和相应的补偿方案,也可以迅速解决。对于公共资源管理部门,通过论证评审工作可以使建设项目用水需求控制在流域或区域水资源统一规划的范围内,从源头上管理节水工作,保证特殊情况下用水调控措施的有序开展,保证公共资源——水、生态和环境不受大的影响,使人与自然保持和谐相处。所以,建设项目的论证工作对于用水户和国家都十分重要,是保证水资源可持续利用的重要环节。

(一)建设项目水资源论证的目的

建设项目水资源论证的目的可归纳为以下几个方面:

(1)保证项目建设符合国家、区域的整体利益。

(2)从源头上防止水资源的浪费,提高用水效率。

(3)为特殊情况下政府的用水调控提供技术依据。

(4)为实现流域(区域)取水权审批的总量控制打下基础。

(5)预防取用水行为带来的社会矛盾。

(6)为取水主体提供取水风险评估和降低取水风险措施的专

业咨询,以便于取水主体在项目建设前把水资源供给的风险纳入项目风险中进行考虑。

因此,落实好建设项目水资源论证制度既服务于水资源管理,服务于公共利益,也服务于取水主体利益。为实现上述目标,建设项目水资源论证应考虑以下主要条件:

(1)建设项目是否符合国家产业政策,建设项目是否符合区域(流域)产业政策和水资源规划。

(2)建设项目的取水量是否合理,并从技术和工艺层次上分析其用水效率,做横向的对比(配套节水审批)。同时,对项目的用水特点进行详细的分析,按照生活用水量、生产用水量(需要细分)、景观用水量等进行归类,制订出企业不同优先等级的用水量。

(3)流域取水权剩余量是否能满足建设项目的取水权申请。取水行为、取水方式、退水对其他取水户取水权的影响及弥补措施。利用过往水文资料,评估取水户不同等级用水量的风险度,分析其对企业所带来的风险损失。在此基础上,设计降低企业用水风险的对应措施。

(二)建设项目水资源论证审查的内容

建设项目水资源论证审查的内容主要包括以下几个方面:

1. 项目成立的基础与前提

建设项目必须符合行业规划与计划;符合国家有关法规与政策(要特别关注节水政策、宏观调控政策以及环境保护方面的政策);重大建设项目必须得到有关部门的认可。

2. 项目取水合理性的前提

符合水资源规划,包括水资源的专业规划;符合取水总量控制方案以及政府间的协议,上级政府的裁决;以上前提必须以有效文件为准;需要工程配套供水的,应当与工程实施相衔接。

目前所遇到的困难如下:

(1)水资源规划依据不足,主要是水资源规划基本上以建设为主要内容,对水资源管理的需要考虑过少,难以作为论证的依据。

(2)水资源规划层次性不强,省的规划常常过于具体,无法适应现在快速发展的社会需要,导致规划与实际脱节。

3.项目取水本身的合理性

这是传统的审查内容,主要是把握水源的供给能力,一般水利部门审查方面的内容是没有问题的,要有明确的规范与标准。但现在最大的问题是:规划与实际脱节。如许多水库灌区实际上已经不再依靠水库灌溉,但水利部门往往不对水库功能进行调整,导致从功能上审查,水库已经无水可供,但实际水库水量大量闲置;还有,建设项目提出的保证率往往高于实际需要,如城市供水,按规范要求,大城市保证率要大于 95%,但实际上供水时保证率要求没这么高,同时真正不可或缺的生活饮用水只占城市供水的极小部分;实际上已经成为房屋用地,但管理部门的图纸上仍然是农田。论证单位由于对自己的地位把握存在问题,常常通过"技术处理"解决这一问题,这是审查要注意的。

4.项目用水的合理性

这是目前审查中较为薄弱的一块。水资源论证制度的本意,就是通过这一制度,强化水行政主管部门对用水进行管理,它的内涵十分丰富,但基本上被忽略了。根据它的要求,应当审查到具体工艺、设备和流程,但实际操作中,基本没有被涉及,是需要加强的一个大类。

以下是几种用水方式:

(1)冷却方式的选择(直流与循环冷却)、换热器效率(换热系数)、冷却塔损耗。

(2)洗涤方式:顺流洗涤与逆流洗涤、串联洗涤与并联洗涤、多级洗涤与一次洗涤。

(3)水的串用、回用。

(4)水用设备选型。

(5)工艺选型(是否可以采用无水或少水工艺——考虑其经济成本)。

一般来说,比较的方式有同等工艺比较、定额比较、总量比较等方法,比较深入的有对用水每个环节进行用水审查(这已到达用水审计的深度,目前还没有能力使用)。

5.退水的合理性

退水主要根据水功能区和河道纳污总量进行审查,相对比较简单。对于可以纳入污水管网的,一般要求纳入污水管网。

审查时对照有关政策与法规,并对照有关技术规范与标准。

6.其他

在审查中要特别注意的是:

(1)要实事求是,坚决反对所谓的"技术处理"。

(2)严格按照规范操作,对取水水量或保证率达不到要求的,要按照实际情况写明,这是对项目或业主真正负责。

(3)不要盲目地套用建设项目的行业标准,因为建设项目是否符合其行业标准,是业主思考或解决的问题,而对审查方来说,主要是要明确其取水的合理性以及其取水是否影响其他合法取水者的权益,所以,不能盲目套用其他行业的规范,甚至搞"技术处理"。

(4)要正确理解《水法》规定的取水顺序,河网、河道等开放水域实际上不存在取水的优先顺序,因为我们目前的管理手段是无法按优先顺序管理取水的,所以只能计算实际可达的保证率;同时,对于城市供水的保证率是值得商榷的,因为没有必要对城市总用水量按规范规定的保证率供水,城市总用水量并不享有《水法》规定的优先权,而是其中的生活饮用水才享有优先权。

(5)要充分注意论证的依据问题,目前大多数论证对所依据的资料的验证与取舍不足,并且常常不提供依据的证明文件,这容易造成结论的错误。

(三)优化建设项目水资源论证程序

受经济利益的影响,水资源论证资质单位缺乏技术咨询机构的独立性,往往成为业主单位利益的代言人。出现这种现象的深层次原因是,建设单位往往把水资源论证视为项目建设的门槛,而没有认识到取水风险是项目建设、运行所必须面对的主要风险之一。而这背后又是由于项目建成后的用水往往较少按照论证报告严格执行,在突破取水权的情况下受到的惩罚较小,以致企业漠视取水风险。因此,解决这个问题必须加强对取水户的取水监控,加大超许可取水的惩罚力度,在此基础上,加强论证单位资质管理,提高水资源论证资质单位的职业道德,对项目报告质量多次达不到要求的,要降低资质等级,直至撤销论证资质。对论证报告进行咨询分析属于政府行使行政审批职能的一部分,其费用应纳入政府的行政经费预算中,不应由业主单位负责。政府部门则可通过打包招标的方式,确定每年建设项目水资源论证报告的咨询单位,提高报告咨询质量。目前的水资源论证内容和方式不适应水资源管理工作的深入开展。应加强水资源论证负责人和编制人员的培训,明确各资质单位开展水资源论证的主要目的,改变现有水资源论证基本套路,从而更好地为水资源管理服务。

三、计划用水制度解读

（一）计划用水的前提或理论依据

理论上讲,计划用水是一种有效提高水资源利用效率的手段。计划用水有两种假设:一是由于水价受到种种因素的制约,节约用水在经济上并不划算或者收益较小,人们节水的动力不足;二是受到水源供水能力的制约,政府不可能提供足够的水量满足所有用户的需求,为此不得不采取按可供能力分配的手段,从而实现供需的平衡。第一种情况是普遍的,用户在使用资源时,必然进行经济上的比较。一般认为价格与需求量成反比,只要提高价格就能起到节约用水的效果,这是受到微观经济学供需平衡曲线的影响。实际上,经济学研究证明,价格与需求是否成反比还取决于弹性,只有富有弹性的商品,这种关系才成立。对于弹性较差的商品,这种关系并不成立,或者关系并不明显。对于刚性商品,这种关系完全不存在。其实,对于一个企业来说,它使用的资源较多,而决定企业成本的并不是每种资源的价格,而是各种资源的总费用。一种资源价格尽管高,但如果其使用量不大,那么其总费用仍然较低,在这种情况下,提高价格对节约用水起到的作用仍然是微乎其微的。另一种情况是由于水是一种较易取得的资源,而且是一种用途极其广泛的资源,其价格不可能太高,远远无法达到企业的成本敏感区。

（二）计划用水制度的困难

计划用水制度的操作性存在问题,影响了它的适用范围。首先,用水的计划如何制订,一般认为计划用水可以依靠用水定额科学地制订,从而核定每一用户的合理用水总量。然而,这种方法存在一个最大的问题,那就是如何科学地核定用水定额。我国已成为世界制造业大国,产品种类繁多,不胜枚举,任何的定额必然不可能穷尽所有的产品,从而使得这一做法存在着天然的漏洞。其次,任何一种产品的定额制订都需要一定的周期,而在产品更新速度如此迅速的时代,一种产品定额尚未制订出来,产品已经更新的可能性非常大,因而无法跟上产品的变化节奏。最后,使用产品定额核定企业用水总量,必须全面掌握企业产品生产的计划与过程,但这不仅牵涉商业机密问题,就是使用也需要巨大的工作量,牵涉到巨大的行政管理力量。计划用水应当适用于较小范围的,产品相对单纯的,或者说产品的共通性较强的产品,不适合全面推行。

四、节水三同时制度解读

《水法》及其配套法规明确了节约用水的三同时制度,明确了建设项目的节约用水设施必须与主体工程同时设计、同时施工、同时投入使用。从而从工程建设上避免了重主体工程、轻节水设施的问题,保证了建设项目节水工作的到位。

从目前情况来看,节水三同时制度的执行情况并不理想,各级水行政主管部门并未对建设项目的节水设施进行有效管理,该问题迫切需要解决。

当前节水三同时制度执行较差的原因是:首先,缺乏相关的配套制度,由于建设项目用水情况的复杂性,对建设项目节水设施的管理也较为复杂,导致管理部门无力进行实质性的管理。其次,节水设施实际上与用水设施难以截然区分,针对某一具体项目如不对其用水工艺、设备进行实质性审查,很难确定其用水是否合理,或者说是否符合节水要求。再次,目前采用的与节水管理相关的技术规范难以对建设项目用水效率进行实际的、有效的控制,目前常用的用水定额标准就存在着产品种类较多、生产工艺复杂、定额标准难以有效覆盖等问题,已经制定的定额标准也存在着浮动幅度过大,难以对用水水平进行法律上有效的控制。最后,目前节水三同时制度还缺乏相应的管理标准,对如何保证同时设计、同时施工、同时投入使用还缺乏相应的具体规定,导致这一制度并未得到有效实施。

第二节　水资源有偿使用制度解读

水资源有偿使用制度是水资源管理的基本制度之一,法律依据是水资源属于国家所有,是国家对水资源宏观调控的重要手段,而不是为了体现水资源的国家占有。它的内涵不仅仅是水资源费,还可以有其他有偿使用制度或规定,是调控水价的重要手段。在一定意义上,它有资源税的含义。在资源紧缺地区,它可以相应地采用较高的标准;在资源丰富的地区,它可以采用较低的标准,甚至不需要缴纳费用。可以采取不同的行业政策,对限制行业采用较高的标准,对鼓励行业采用低费率或零费率,甚至是负费率政策。它的合理运用,是水资源部门配置的强大市场手段。

水资源费的征收及使用管理工作主要可包括三部分内容:一是对取水户的征费及缴费管理,二是对省、市、县三级水资源费结报管理,三是水资源费的支出管理。

一、取水户的征费及缴费管理

水资源费征收主体为各级水行政主管部门。具体征收机构较为复杂,大致有以下几种情况:一为各地水政监察机构,二为各地水资源管理机构,三为各地水行政主管部门财务管理机构。

各地水资源费征收程序一般为:首先,现场抄录取水量数据并要求取水户签字认可或从电力部门获取水电发电量数据;其次,根据双方认可的取水量(发电量)和收费标准核算水资源费并发送缴款通知书;最后,用水户按缴款通知书要求缴纳水资源费。近年来,有些地方在缴费方式上开展了"银行同城托收",方便了取水户缴纳水资源费。

二、水资源费结报管理

水行政主管部门一年开展两次全省水资源费结报,并开具缴款通知书;各省(区、市)、市、县持缴款通知书向同级财政提出上划申请;同级财政审核后及时将分成款划入省(区、市)、市、县水资源费专户。根据规定,水资源费省(区、市)、市、县分成比例为20%:20%:60%。结报形式为"集中结报与分散结报相结合",既提高了工作效率又能及时发现地方水资源费征管中存在的问题。对应缴水资源费进行统计与结算,并建立了相应的催缴制度,保障了水资源费的及时上划。

三、水资源费支出管理

水资源费均实行收支两条线管理。省级水资源费使用由省水行政主管部门编制预算,经省财政审核和省人大批准后执行。根据省财政厅的统一规定,省各市县与省级水资源费使用方式一致,已执行收支两条线管理。大多数市县能将水资源费主要用于水资源的节约、保护和管理,但也有部分市县未能严格按照规定执行到位。省水资源费征管机构对各地水资源费使用情况进行统计,不定期开展监督检查工作,及时督促各地纠正水资源费使用中不合

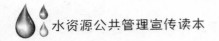

规定的行为。

四、水资源费征收标准的制订

根据国家资源税费改革的有关政策,结合水资源的实际情况,加强与发改委、物价局等有关部门的沟通协调,建立水资源费征收标准调整机制,促进水资源的可持续利用。

五、水资源费征收工作考核

根据各地实际取水量和发电量,核定各地足额征收水资源费应收缴的水资源费金额,对比各省(区、市)、市、县实际收缴金额,可核算得到各地水资源费的征收率。水资源费征收率的结果将作为水资源费征收工作考核的重要指标。

目前,这项政策的作用没有得到充分认识,处于不自觉运用阶段。

第三节 水功能区管理制度解读

一、入河排污口管理制度解读

随着经济社会的快速发展,排入江河湖泊的废污水量也随之不断增加。根据 2003 年度《中国水资源公报》,2003 年全国污水排放量约为 680 亿吨。在河道、湖泊任意设置排污口已经造成了极大的危害:

(1)废污水排放量逐年增加,严重污染水体,加剧了水资源短缺。从 1997 年到 2003 年,全国废污水排放量分别为 584、593、606、620、626、631、680 亿吨,造成了北方地区河流有水皆污,丰水地区守在河边找水吃,许多城市被迫放弃附近的水源而另外寻找新水源。如牡丹江市、哈尔滨市城市供水水源地都因为污染而另外建设新的水源地。南方丰水地区河流湖泊也受到污染。如长江干流沿岸城市附近水域形成数十公里的岸边污染带;南京附近的长江干流附近取水口与排污口犬牙交错,严重影响了供水安全;上海市曾经多次上移城市取水口。2003年淮河流域水资源保护局对全流域(不包括山东半岛地区)的入河排污口进行调查,共查出966个入河排污口,淮河水体受到严重污染,成为全社会关注的焦点。水污染严重影响了人民群众的身体健康和生产生活。由于水污染引起的上下游之间的水事纠纷近年来也有增长的趋势。

(2)危及堤防安全,影响行洪。一些排污企业未经批准,随意在行洪河道偷偷设置入河排污口,对堤防和行洪河道的安全构成了潜在的威胁。当发生洪水时,污水随着洪水蔓延,将会扩大污染区域,也使洪水调度决策更加复杂。

1988年颁布的《河道管理条例》对入河排污口的管理做出了一些规定,但在具体实施中显得力度不够。因此,2002年修订通过的《水法》第三十四条明确规定:"在江河、湖泊新建、改建或者扩大排污口,应当经过有管辖权的水行政主管部门或者流域管理机构同意。"依法对入河排污口实施监督管理,是保护水资源,改善水环境,促进水资源可持续利用的重要手段;是落实《水法》确定的水功能区划制度和饮用水水源保护区制度的主要措施。因此,2005年1月1日,《入河排污口监督管理办法》开始施行。

《入河排污口监督管理办法》主要规定了以下主要制度和措施:一是排污口设置审批制度。按照公开、公正、高效和便民的原则,对入河排污口设置的审批分别从申请、审查到决定等各个环节做出了规定,包括排污口设置的审批部门、提出申请的阶段、对申请文件的要求、论证报告的内容、论证单位资质要求、受理程序、审查程序、审查重点、审查决定内容和特殊情况下排污量的调整等。二是已设入河排污口登记制度。《水法》施行前已经设置入河排污口的单位,应当在《入河排污口监督管理办法》施行后,到入河排污口所在地县级人民政府水行政主管部门或者流域管理机构进行入河排污口登记,由其逐级报送有管辖权的水行政主管部门或者流域管理机构。三是饮用水水源保护区内已设入河排污口的管理制度。县级以上地方人民政府水行政主管部门应当对饮用水水源保护区内的排污口现状情况进行调查,并提出整治方案报同级人民政府批准后实施。四是入河排污口档案和统计制度。县级以上地方人民政府水行政主管部门和流域管理机构应当对管辖范围内的入河排污口设置建立档案和统计制度。五是监督检查制度。县级以上地方人民政府水行政主管部门和流域管理机构应当对入河排污口设置情况进行监督检查。被检查单位应当如实提供有关文件、证照和资料。监督检查机关有为被检查单位保守技术和商业秘密的义务。

为了保证以上制度的有效执行,《入河排污口监督管理办法》还规定了违反上述制度所应承担的法律责任。

建设项目需同时办理取水许可手续的,应当在提出取水许可申请的同时提出入河排污口设置申请;其入河排污口设置由负责取水许可管理的水行政主管部门或流域管理机构审批;排污单位提交的建设项目水资源论证报告中应当包含入河排污口设置论证报告的有关内容,不再单独提交入河排污口设置论证报告;有管辖权的县级以上地方人民政府水行政主管部门或者流域管理机构应当就取水许可和入河排污口设置申请一并出具审查意见。

依法应当办理河道管理范围内建设项目审查手续的,排污单位应当在提出河道管理范围内建设项目申请时提出入河排污口设置申请;提交的河道管理范围内工程建设申请中应当包含入河排污口设置的有关内容,不再单独提交入河排污口设置申请书;其入河排污口设置申请由负责该建设项目管理的水行政主管部门或流域管理机构审批;除提交水资源设置论证报告以外,还应当按照有关规定就建设项目对防洪的影响进行论证;有管辖权的县级以上地方人民政府水行政主管部门或者流域管理机构在对该工程建设申请和工程建设对防洪的影响评价进行审查的同时,还应当对入河排污口设置及其论证的内容进行审查,并就入河排污口设置对防洪和水资源保护的影响一并出具审查意见。

二、纳污能力核定制度解读

2002 年修订的《水法》明确提出:在划定水功能区后要对水域纳污能力进行核定,提出限制排污总量意见,在科学的基础上对水资源进行管理和保护。它从法律层次上不仅肯定了河流纳污能力的有限性,而且规定了保护水资源的底线目标,即对向河流排污的管理必须以河流纳污能力为基础,入河排污量超过纳污能力的应当限期削减到纳污能力以下,尚未超过的不得逾越。

纳污能力核定制度是水功能区管理的一种基本手段,目的是控制水污染;是水行政主管部门首个比较明确的制度,使得在水质上面有法定依据的发言权。

从理论上讲,河道纳污能力和季节、水量、河道形态、生态结构以及污染源的分布、排放方式、排放规律有关,不是一个确定的值;不同的河道其纳污总量是不同的,而污染物是无法穷尽的。

目前的技术规定,从理论上讲存在的问题主要是河道径流特性不同,单纯用保证率的方法确定河道设计水量,容易造成控制过

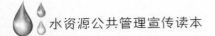

宽或过严的问题。

三、水功能区管理制度解读

早在 20 世纪 50 年代,我国就进行了水利区划工作,它是综合农业区划的重要组成部分,主要是摸清自然情况,针对不同地区的水利开发条件、水利建设现状、农业生产及国民经济各部门对水资源开发的要求进行研究分析,加以区分,提出各分区充分利用当地水土资源的水利化方向、战略性布局和关键性措施,为水利建设提供依据。80 年代国家又进行了全国水利区划分区工作,这次比 50 年代的更加全面、完整,并出版了《中国水利区划》一书。

20 世纪 80 年代末,我国首次进行了全国七大流域水资源保护规划工作,水功能区划作为规划的主要工作内容,第一次比较系统地进行了功能分区和水质保护目标的确定,区划的目的主要是考虑水质保护要求。这次规划的任务由水利部和国家环保局共同下达,水功能区划以实现水质保护目标的要求为首要任务,符合当时的实际情况和认识水平。

1999 年起,根据国务院的"三定"方案,水利部组织进行了第二次全国水资源保护规划,这次规划将水功能区划列为突出的工作,历时近四年,区划的规模、范围以及参与区划的工作人员、各级领导重视程度都是前所未有的。这次规划提出了水功能区的两级区划十一分区的基本划分方法,两级区划即一级区划和二级区划:一级区划是水资源的基本分区,分为保护区、保留区、开发利用区、缓冲区;二级区划在一级区划的开发利用区内进行,分为饮用水源区、工业用水区、农业用水区、渔业用水区、景观娱乐用水区、过渡区、排污控制区。这次规划还明确提出了各级区划的具体分类指标。区划成果由水利部组织审查,并由水利部发文公布《中国水功能区划(试行)》。

新《水法》公布后,水利部又组织制定了《水功能区管理办法》,并进一步组织修改补充《中国水功能区划(试行)》,并于 2012 年批复。同时水利部还组织各流域机构编制了水功能区确界立碑项目建议书。

水功能区管理制度是水资源管理的一项基本制度,它的本意是规定某一水域或水体的使用功能,是水资源开发利用的主要依据,但常常被理解为单纯的水资源保护的依据,甚至理解为仅仅是江河水质管理的依据;它实际上是一种标准,但常被理解为规划。

水功能区管理制度的主要管理内容有:

(1)规划或建设项目的依据。

(2)江河水质监测特别是评价的依据。

(3)入河排污口审查审批的依据。

(4)江河纳污能力核定的依据。

目前管理手段与制度还比较缺乏。要真正实现水功能区管理的目的,使其成为水资源管理的重要手段,成为水资源开发利用的重要依据和水资源可持续利用的重要举措,仍存在以下几方面的不足:

(1)管理的目标仍然太窄,仍局限在水质保护方面。一直以来,水行政主管部门组织的水功能区划,基本都局限在水资源保护方面,针对的是水污染问题,跳不出水质保护的框框。公布的区划结果,一般都是功能区名称、范围及水质保护目标,与环保部门的工作出现重复,并未体现水行政主管部门的职责,即从水资源的综合利用、可持续利用的高度来确定水域的主要功能用途。目标太窄或定位太低,是水功能区管理存在的最大不足。

(2)水功能区管理的意义、作用没有得到正确认识。水利部党组审时度势,从国家水安全利用、国家经济振兴的高度出发,提出了新的治水思路。要实现治水思路的根本调整,必须要有具体的、可操作性强的措施,抓住水功能区管理,就是实现治水战略调整的核心。因为水功能区是一项最综合的指标,可以说,所有的水资源开发、利用、保护都与水体功能有关,一旦水体某项要素不符合功能设定的要求,就要丧失使用价值,出现水的供求矛盾甚至危机。无论是20世纪50年代起的水利区划,还是80年代后的水功能区划,都没有得到很好的实施,也没有真正认识和理解水功能区的作用和价值,造成水资源开发利用的浪费,有些损失甚至是无法挽回的。如在通航优良的河道上建坝,因为缺乏水功能区管理,建设单位根本不顾及通航要求,拦河建坝不修船闸,层层梯级开发使黄金通航水道彻底丧失;又如在20世纪50年代就开始规划大型水利枢纽的位置,由于缺乏整个流域或区域的水功能区划与水功能区管理,以致良好的坝址丧失价值;再如城市给水与排水问题、渔业养殖与水质保护问题、防洪筑堤与生态保护问题、滞洪区与经济社会发展问题;等等,都可归因于缺乏有效可行的水功能区管理。

(3)水功能区管理的投入机制并未建立,实施管理的困难大。实施水功能区管理,需要有稳定的投入,它不像其他的行政审批制度,也不像某项工程任务,有一次投入即可。水功能区管理的支出包含有两大部分:一部分用于维护水功能正常发挥作用;另一部分用于监督管理水功能区,如水功能区要素监测,流量、水位、水质等指标的实时监测,水功能区设施的建设,信息化的建立与运转等。过去与现在,尚未建立起投入机制,这是目前最紧迫的问题。水功能区管理的可达性很大程度上依赖于投入的稳定程度。

(4)管理的目标单一,不能全面反映水功能区的要求。现行的水功能区划结果,实质上仅提供了实现水功能的水质目标,而其他关键性指标,如流量、水位、流速、泥沙及生态保护方面(如功能区内的用水量、水资源承载能力、水环境承载能力等)的基本指标,均是衡量水功能能否正常发挥作用的关键指标,目前还是空缺,这对水功能区管理是十分不利的。

第四节 水资源规划制度解读

水资源规划是管理重要的技术依据,规划有两类做法:一类是从技术出发,目的是合理开发利用与保护水资源,主要的做法是摸清资源赋存状况,再根据可供水资源与水资源需求,做到供需平衡。在无法平衡的情况下,开发新工程或对需求进行管理,从而达到水资源的供需平衡,达到水资源效益的最大化,在技术上保证水资源最合理的利用或保护。但这种规划有一个最大的问题,由于它是从技术层面提出的,所提出的管理要求,也是从属于技术的,是为了保证技术层面规划的结果能够真正得到实现。但从实际执行的结果来看,水资源技术规划执行的效果并不理想,还是存在着管理与实际脱节的问题,特别是在管理措施的落实方面。同时这类规划也无法为管理提供明确的措施与手段,存在比较严重的无法进行需求管理的问题。

第五节 水资源调度业务制度解读

水资源调配是为了综合利用水资源、合理运用水资源工程和水体,在时间和空间上对可调度的水量进行分配,以实现受水区本地水源与客水的科学配置,适应相关地区经济社会各部门的需要,保持水源区和受水区的生态和经济可持续发展。可调水量是考虑水库、湖泊等水源地现有蓄量、长期来水预估、工程约束、发电和下游航运需求等条件在一个调度周期能够输出的水量。

水资源调配包括水资源规划配置、年水资源调度计划制订、月水资源调度计划制订、旬水资源调度计划制订、实时调度以及应急调度等调度业务的在线处理，为水资源调度工作人员的日常业务工作提供包括文档接收（上级文档的接收和下级文档的接收）、文档发送（包括向上级的上报和向下级的下发）、用水计划受理、水调报表自动生成（包括水调日报、水调旬报、水调月报、水调年报）等功能。

水资源调配的目的在于最优地利用有限的水资源，为国民经济的可持续发展服务。水资源调配依据目前的水资源形势，采用专业技术为决策者提供多角度、可选择的水资源配置、调度方案，供决策参考。

水资源调配首先是对当前水资源的评价，包括水资源数量评价、质量评价、开发利用评价及可利用量评价等，进而对未来的需水量预测、可供水量预测，在此基础上进行水量供需平衡分析和水资源优化配置，并利用优化目标规划模型等专业技术进行科学调度，制订出各种条件下水资源的合理配置、调度方案。

根据水资源分配规定制订的水资源分配和调度方案，按照水资源总量控制和定额管理的原则，可以对流域或区域的水资源调度过程进行监控。

第六节　水资源的规范化建设解读

随着经济社会的快速发展与社会的全面进步，公众法制意识提高，经济活动节奏越来越快，全社会对政府效率、效能的要求越来越高,其中,对水资源管理也提出了更高要求,要求管理规范、制度完备、反应迅速。可以说,开展水资源管理规范化建设是由水资源形势决定的,也是社会经济发展的需求。

水资源管理规范化的目的是:建立规范标准的管理体系和支撑保障体系,实现"依法治水"和"科学管水",实现现代政府"社会管理与公共服务"的协调开展,从根本上提高水资源的管理水平和管理效率,从而配合我国最严格水资源管理制度的贯彻实施。

水资源管理规范化的意义是:

(1)水资源管理规范化是落实科学发展观,实现"依法治水""科学管水"的重要基础工作。

(2)水资源管理规范化可减少水资源管理工作中的盲目性和随意性,大大提高管理效率,降低管理成本。

(3)水资源管理规范化可以明确界定各管理层上下之间、横向之间的责权关系,可有效解决我国水资源管理过程中存在多年的"政出多门""多龙治水"的现象。

(4)实施水资源规范化管理,引入现代监管技术手段,可以提高监管效率,减少权力寻租,提高管理公正性,吸引更多公众关注与参与,有助于更好地管理具有公益属性的水资源。

(5)实施水资源规范化管理,可以为我国水资源管理水平的提高和管理经验的积累提供一个平台,为制度和工作流程的创新,积蓄经验。

(6)水资源管理规范化是最严格水资源管理制度实施的重要制度保障。

综上,实现水资源管理规范化具有重大意义。

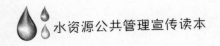

第四章 水资源公共管理流程

在水资源管理的制度框架体系下,对于水资源管理的管理流程进行设计也是水资源管理的内在需求,是依法行政的重要前提,在此对水资源管理的工作流程和水资源保护的工作流程进行了如下解读。

第一节 水资源管理的标准化流程解读

水资源管理制度的目标是:建立制度完备、运行高效,与经济社会发展相适应、与生态环境保护相协调的水资源管理体系,进一步完善和细化水量分配、水资源论证、水资源有偿使用、超计划加价、计划用水、用水定额管理、水功能区管理、饮用水水源区保护等国家法律、法规、规章已明确的各项管理制度。在对水资源管理体制框架进行整体综合设计的基础上,将明确组成制度及相应的制度内容,对在水资源管理制度框架下的核心管理制度的工作流程进行梳理,从而克服目标不一致、信息不对称、行动效率低下等问题。

一、计划用水与节水管理

计划用水与节水管理主要包括：节约用水法规政策管理、用水定额制订和使用管理、行政区域年度取水总量管理、取水户取水计划管理、节水工程项目管理、取水户水平衡测试和节水评估管理、节水"三同时"管理。

其中行政区域年度取水总量管理的内容是：根据水资源管理的实际情况将区域年度取水总量计划分为"指令性计划"和"指导性计划"两类进行管理，其相应的管理对象和范围将随着水资源管理基础工作的加强逐步进行调整。上一年度制订下一年度的区域年度取水总量控制计划；在执行过程中要对计划执行情况进行通报，及时预警，并按有关规定要求地方采取相应的措施；年终要对上一年度计划执行情况进行评估，以利于计划制订工作的持续改进。

计划用水与节水管理的工作流程可以如图4-1所示：

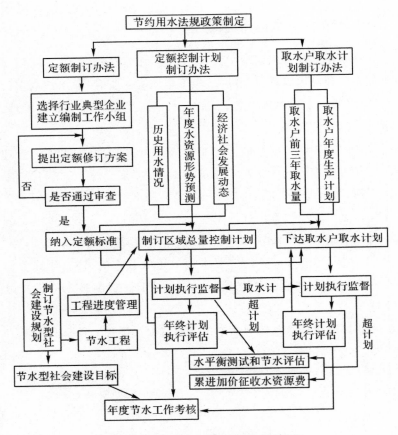

图 4-1 计划用水与节水管理工作流程

二、取用水管理制度及内容和管理流程内容

各地应当按照国务院 46 号令的规定,建立取用水管理制度,严格执行取水许可申请、受理和审批程序,优化审批流程,缩短审批时间,加快电子政务建设,推行网上审批,提高办事效率。取水

许可审批单位除应当对取水许可申请单位提供的材料进行严格审查以外,对于重大建设项目或者取排水可能产生重大影响的建设项目,均应安排2个或者2个以上工作人员进行实地勘查,取水许可审批现场勘查率不得低于70%。应建立水资源管理机构内部集体审议制度,防止取水审批决策失误;严禁各种形式的取水审批不作为和越权审批行为。取水工程或设施竣工后,取水审批机关应当在规定的时间内组织验收。重大取水项目应当组织5名及以上相关工程、工艺技术专家组成验收小组进行验收;其他项目组织2名及以上人员进行验收。取水工程或设施验收后验收组应当出具验收报告,验收合格由取水许可审批单位发放取水许可证。取用地下水的,取水许可审批机关应当对凿井施工单位的凿井施工能力进行调查核实,在凿井施工中的定孔、下管、回填等重要工序进行现场监督,省级水行政主管部门应制定颁布取水工程验收管理办法,细化验收组织形式、验收程序和验收具体内容。地方各级水行政主管部门应当将取水许可证的发放情况定期进行公告,广泛接受社会监督。

具体的取水管理制度流程设计如图4-2所示:

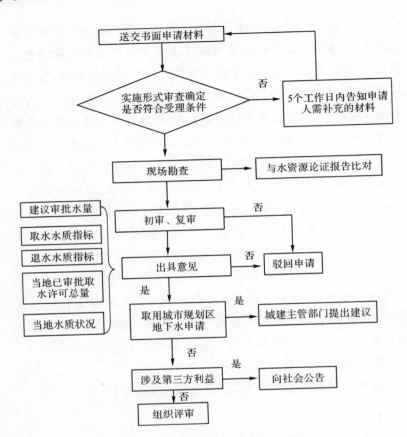

图 4-2　取用水许可审批管理流程

三、水资源费征收管理制度及管理流程内容

地方各级水行政主管部门水资源管理机构,应当加强水资源费征收力度,提高水资源费到位率,严禁协议收费、包干收费等不规范行为。严格水资源费征收程序,在水资源费征收各个环节,按规定下达缴费通知书、催缴通知书、处罚告知书、处罚决定书。水

资源费缴费通知书、催缴通知书、处罚告知书、处罚决定书文书式样由省级水资源管理机构统一制定,规范水资源费征收管理。凡征收水资源费使用"一般缴款书"的,水资源费征收单位应当按时到入库银行核对各有关单位水资源费缴纳情况,对未能按时缴纳水资源费的单位,及时按规定程序进行追缴。凡征收水资源费使用专用票据的,票据应当由省财政部门统一印制,由省级水行政主管部门统一发放、登记,并收回票据存根,防止征收的水资源费截留、挪用和乱收费等违法行为发生。各地应当按照规定的分成比例,及时将本级征收的水资源费解缴上级财政,核算水资源费征收工作成本,建立水资源费征收工作经费保障制度。

　　水资源费征收管理及结报与考核流程设计如图 4-3、图 4-4所示:

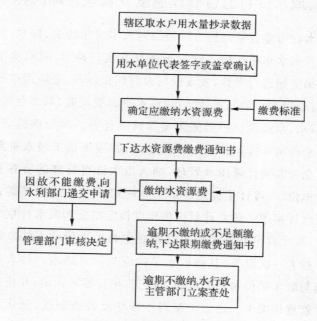

图 4-3　水资源费征收管理流程

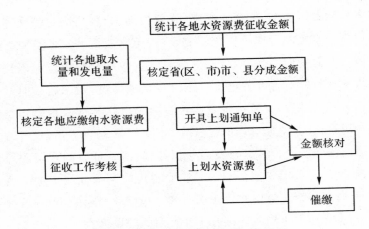

图 4-4　水资源费结报和考核工作流程

四、取水许可监督管理制度及管理流程内容

取水许可监督管理机关除应当对取水单位的取、排水、计量设施运行及退水水质达标等情况加强日常监督检查,对取水单位的用水水平定期进行考核,发现问题及时纠正以外,还应当在每年年底前,对取用水户的取水计划执行、水资源费征缴、取水台账记录、退水、节水、水资源保护措施落实等情况进行一次全面监督检查,编报取水许可年度监督检查工作总结,并逐级报上级水资源管理机构。全面实施计量用水管理,纳入取水许可管理的所有非农业取用水单位,一级计量设施计量率应达到 100%;逐年提高农业用水户用水计量率。建立计量设施年度检定制度和取水计量定时抄表制度,取水许可监督管理部门除对少数用水量较小的取水户每两个月抄表一次以外,其他取水单位应当每月抄表。抄表员抄表时应当与取水单位水管人员现场核实,相互签字认定,并将抄表记录登录管理档案卡。建立上级对下级年度督查制度,强化取水许

可层级管理。

五、档案管理制度及工作内容

　　各级水资源管理机构应当规范水资源资料档案管理工作,设立专用档案室,由具备档案专业知识的人员负责应进档案室资料的收集、管理和提供利用工作。建立健全各项档案工作制度,严格档案销毁、移交和保密等档案管理各项工作程序和管理规定,应当归档的文件材料及时移交档案管理人员归档。取水许可、入河排污口审批、登记资料实施分户建档,内容包括申请、审批、年度计量水量、年度监督检查情况以及水资源费缴纳情况等各项资料。建立水资源管理资料统计制度,对水资源管理各项工作内容分类制定一整套内部管理统计表,如取水许可申请受理登记表、取水许可证换发登记表、计量设施安装登记表、用水户用水记录登记表等,实现档案管理的有序化和规范化。

六、建设项目水资源论证制度及管理流程内容

　　全面落实国民经济和社会发展规划、城市总体规划等重要规划水资源论证工作;新建、改建和扩建的建设项目水资源论证率要达到100%。各级水行政主管部门应当严格按照水资源论证分级管理权限,组织有关专家对水资源报告书进行审查,审查组中专家库成员人数不得低于总人数的三分之二;水资源论证报告按照专家意见进行修改并经专家组组长签字认定后,该水资源论证报告书才能作为取水许可审批的技术依据;严禁无证和越级编制水资源论证报告的行为发生。省级水行政主管部门应当加强水资源论证资质管理,设立水资源论证专家库;建立水资源论证资质认证和淘汰机制,每年开展一次水资源论证报告书的抽检,抽检率不得低

于全省当年水资源论证报告的 5%，对抽检不合格的，要对审查机关、审查专家、报告编制单位进行严肃处理。

具体的建设项目水资源论证制度的工作流程设计如图 4-5 所示：

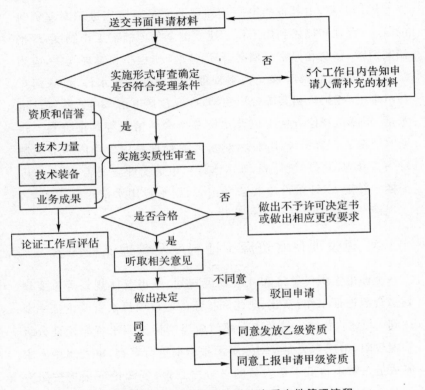

图 4-5　建设项目水资源论证单位资质审批管理流程

七、水资源统计管理制度及管理流程内容

各级水资源管理机构要按照水资源年报、公报的编制要求，按

时按质开展水资源年报和水资源公报编制工作。水资源年报实施逐级上报,水资源公报在本行政区域范围内向社会发布。为了加强地下水和水功能区管理,省、市两级水资源管理机构除应当编制水资源年报、公报以外,还应当按月编制地下水通报(月报)、水功能区水质通报(月报),即时向本级人民政府领导和水利系统内部通报地下水动态和水功能区水质变化情况。水资源管理机构应当对管理对象的取用排水情况建立按月、季和年度统计制度,为水资源年报、公报编制提供基础资料。

水资源统计管理制度业务流程设计如图 4-6 所示:

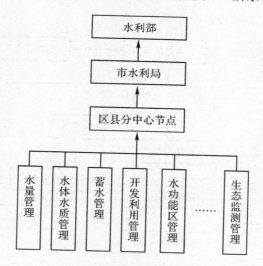

图 4-6　水资源统计管理制度业务流程

上述七个制度是水资源管理制度框架下的核心制度。除此之外,各级水行政主管部门要按照"行为规范、运转协调、公平公正、清廉高效"的要求,进一步建立健全水资源管理制度框架下的其他各项工作制度,如:水资源管理工作会议、水污染事件报告与处置、计量设施抄表、水资源统计填报、办公用品管理等各项水资源管理工作制度。通过制度建设,明确水资源管理行政审批办事程序和工作流程,防止水资源管理工作的缺位、错位、越位等现象发生。

第二节 水资源保护的标准化流程解读

水资源保护工作也是水资源管理的重要组成部分,并且水资源保护工作又与水环境保护工作密不可分,某种程度上,也存在相互交叉。《水法》是以功能区管理制度为核心进行水资源保护制度设计的,其主要管理体系如图 4-7 所示:

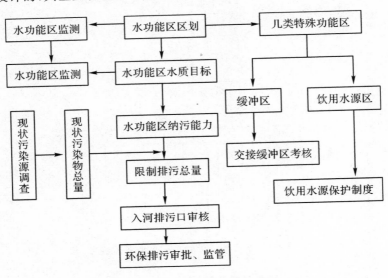

图 4-7 水资源保护制度框架图

从工作制度看,水资源保护工作更多的是从宏观层面提出限排要求,同时开展水功能区水质监测,以保障水资源的可持续利用,而微观层面的污染源监管职责则由环境保护主管部门承担。各级水资源管理部门要深入研究最严格水资源管理制度对水生态环境保护的要求,并将相关职能之外的工作任务分解至环保部门,同时,也要积极开展相关基础工作,打造保护载体,凸显水资源保护工作的特色。

水行政主管部门在水资源保护所需要开展的主要工作及管理流程内容有以下几个方面:

一、排污口审核管理制度及工作流程

各级水行政主管部门应完成限制排污总量年度分解,全面加强以水功能区为单元的监督管理,开展入河排污口季度调查工作,为入河排污口的年报、公报建立基础数据支撑,组织河流入河排污口布设规划编制工作,为功能区管理提供依据。对新增、改建、扩建的排污口执行严格的审核管理流程,规范相关行为。对于排污口管理工作流程设计如图4-8所示:

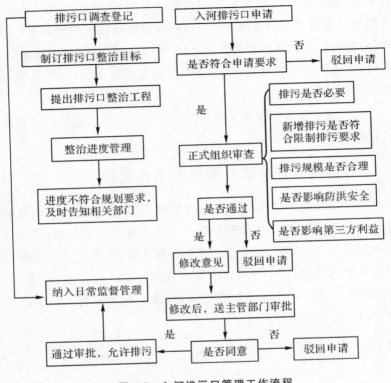

图 4-8　入河排污口管理工作流程

二、水功能区生态保护与监测制度及管理流程内容

　　水功能区的水生态保护是水环境保护发展的必然趋势,因此建立水功能区生态保护与监测制度,加强水功能区的水生态监测、保护水功能区水质环境,也是水利部门践行生态文明的具体举措之一,更是最严格水资源管理制度的组成部分。水功能区生态保护与监测制度应包含:各级水行政主管部门要编制年度水生态系统保护与修复规划,并将任务分级逐级下达。此外,对重要的河

流、水域,要开展水生态监测工作,编制年度水功能区水质监测计划,并提出完成率指标,为水生态保护工作打好基础。水功能区管理工作流程设计如图 4-9 所示:

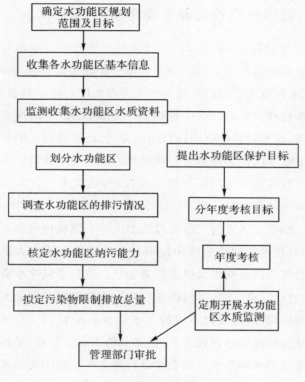

图 4-9 水功能区管理工作流程

第三节 水资源管理机构和队伍设置解读

通过对我国水资源管理机构配置现状的分析,可以确定水资

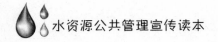

源管理机构与队伍建设的主要目标是：健全水资源管理机构，落实人员编制，强化基层管理业务培训，提高管理人员素质和业务水平，从而建设一支高效的管理队伍。

一、管理机构设置及管理形象

2002 年修订的《水法》规定"国家对水资源实行流域管理与行政区域管理相结合的管理体制"。这一管理体制的具体内容是："国务院水行政主管部门负责全国水资源的统一管理和监督工作。国务院水行政主管部门在国家确定的重要江河、湖泊设立的流域管理机构，在所管辖的范围内行使法律、行政法规规定的和国务院水行政主管部门授予的水资源管理和监督职责。县级以上地方人民政府水行政主管部门按照规定的权限，负责本行政区域内水资源的统一管理和监督工作。"

《水法》对于国家与大型流域的水资源管理机构做出了明确的规定，同时指出管理的范围和权限。对县级以上地方人民政府水行政主管部门的机构设置概述较为笼统。根据集成化水资源管理理论，在省（区、市）、市、县三级水行政主管部门应当设立专门的水资源管理机构，统筹管理本行政区水资源的配置、节约、保护和管理等各项水资源行政管理工作；成立节约用水办公室，承担本行政区域的节约用水和节水型社会建设管理工作。鉴于当前水资源管理任务重，行政编制不足，省、市、县各级水行政主管部门可根据实际需求，增设水资源管理事业单位，在本级水资源行政管理机构的指导下，作为水资源管理技术支撑部门，承担水资源配置、节约、保护和管理方面的具体事务和基础工作。

在管理形象上，由于水资源管理属公共服务的范畴，有必要通过规范的管理形象提高社会对于水资源管理机构的认可度，增加管理机构的严肃性和威慑性。举例说明,这种规范的管理形象可以体现在统一风格的函、通知单等书面文件及车辆等各种管理载体及媒介上。

二、人员数量

目前我国多数省市县级的水资源管理队伍力量薄弱,专业管理人员更少,且存在管理骨干一身多职、人员流失的现象,这些都极大地限制了水资源管理工作的开展。因此除规范水资源管理机构之外,还应对人员编制予以落实。

省级部门承担了水资源总量控制管理、水资源论证与取水许可审批管理、水资源计量与信息化管理、计划用水管理、节水载体管理、水资源费征收管理、取水许可监督管理、档案与统计管理、水功能区与入河排污口监督管理、水质监测管理、水资源保护、地下水管理等职能,标准的配备值应为 15 人左右。根据我国水资源管理现状及《水资源规范化建设指导意见》,可确定省级水资源管理机构人员的配置标准值为 10 人,相应的市级水资源管理人员配置标准值可确定为 8 人,县级水资源管理人员配置标准值可确定为 6 人。此外,根据水资源管理与水资源保护任务的轻重,在上述人员配置的基础上,可适当添加人员,具体的人员配备数量可与水资源管理强度相挂钩。

三、专业构成

在人员的结构方面,水资源管理机构必须配备水文水资源、水环境和地下水专业的人员,有条件的还应当配备法律专业人员。省级水资源管理人员大学本科以上学历的比例不应低于 90%,市、县级水资源管理人员大专以上学历的比例不得低于 90%,大

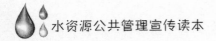

学本科以上学历的比例不得低于60%。

四、队伍管理制度

省（区、市）、市、县三级水行政主管部门应当制订水资源管理近期（3—5年）和年度培训计划，明确培训任务，落实培训经费，加强水资源管理人员的业务培训。省级水资源管理机构每年开展全省性的业务培训不得少于2次；市级水资源管理机构每年举办的业务培训不得少于1次；市、县级水资源管理人员参加的业务培训每年不得少于1次。

为了提高管理队伍的知识能力水平，省级和有条件的市级水资源管理机构应当结合本地水资源管理队伍及工作情况，与高校或科研院所联合举办学历教育函授培训班或者脱产学历培训。通过培训，5年内使所有水资源管理人员全部达到大专以上学历。鼓励水资源管理人员通过各种途径学习，提高学历和水资源管理能力。

对于特殊的岗位，可以设立职业资格证，要求持证上岗，引导管理队伍进行自身能力的培养，该项工作可以以经济发达地区的水资源管理机构进行试点推进，取该地区1—2个技术管理岗位，设定岗位职业资格要求，通过培训达到3年内全部持证上岗。

第五章　水资源管理问题讨论

第一节　水资源和环境问题

水资源是一种有限的资源，不是取之不尽、用之不竭的，而水体又是一个开发的系统，与外界发生着复杂的物质和能量的交换，不断改变自身的状态和环境特征。人类的活动会引起天然水体污染，常见的污染源有工业废水、生活污水、农业污水、大气降落物、工业废渣和城市垃圾等。由于人类不合理地开发利用水资源，在水资源保护问题上重视不够，导致目前水资源环境问题突出。

另外，水资源无限制的过度开发，必然导致一系列的生态环境问题，当径流量利用率超过 20% 时，就会对水环境产生很大的影响；当径流量利用率超过 50% 时，就会对水环境产生严重影响。目前，我国的水资源开发利用率已达 19%，接近世界平均水平的 3 倍。在个别地区如松、海、黄、淮等流域，1995 年径流量利用率已达 50% 以上，其中淮河流域达到 98%。过度开发地下水会引起地表沉降、海水入侵、海水倒灌等严重的环境问题，造成的损失将不可估量。

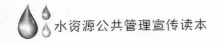
一、水资源是生态环境存在的基础

水是一切细胞和生命组织的主要成分,是构成自然界一切生命的重要物质基础。人体内所发生的一切生物化学反应都是在水体介质中进行的。植物含水 75%—90%,哺乳动物含水 60%—80%,人的身体 70% 由水组成。没有水,植物就会枯萎,动物就会死亡,人类就不能生存。

无论自然界环境条件多么恶劣,只要有水资源保证,就有生态系统的存在。以耐旱植物胡杨为例,在西北干旱地区水资源极度匮乏的情况下,只要能保证地表以下 5m 范围内有地下水存在,胡杨就能顽强地存活下去。因此,水资源的重要意义不只是针对人类社会,对生态环境也同样起决定作用。

二、人类过度掠夺水资源,使生态环境遭受严重破坏

自 18 世纪中叶的工业革命以来,随着科技和经济的飞速发展,人类征服自然、改造自然的意识在逐步增强,向自然界的索取越来越多,由此对自然界造成的破坏规模越来越大,程度也越来越深。包括水资源在内的多种资源都遭到了人们的过度开发和掠夺,人类对自然的破坏已超越了自然界自身的恢复能力。因此,地下水超采严重、土地荒漠化、水环境恶化这些专业词汇已成为人们耳熟能详的常用词,生态环境问题也由局部地区扩展到了全球范围,由短期效应转变为影响子孙后代的长久危机。

三、生态环境的恶化又会影响到人类的生存和发展

人类在向自然索取的同时,也受到了自然对人类的反作用。随着人类对生态环境的破坏越来越严重,一系列的负面效应已经

作用到了人类身上。目前,我国的河流、湖泊和水库都遭到了不同程度的污染。在七大水系和内陆河流评价河段中,符合Ⅰ、Ⅱ类的仅占 25%,Ⅲ类的占 27%,Ⅳ、Ⅴ类的占 48%;中小河流 50% 不符合渔业水质标准;全国一半以上的人饮用污染超标水;巢湖、滇池、太湖、洪泽湖已发生了严重富营养化,水体变色发臭,引起了湖泊生态系统的改变。20 世纪中后期,我国西北地区部分城市由于只重视经济发展,缺乏对生态环境承载能力的考虑,水资源过度开发导致地下水位迅速下降、耕地荒漠化严重,曾经好转的沙尘暴问题又再次加剧。由此可见,人类在自身发展的同时,必须要考虑自然资源和生态环境的承受能力。否则,过度的开发将会让人类尝到自己种下的恶果。

四、对社会经济发展的宏观调控是实现人类与生态环境和谐共存的途径

人类与生态环境和谐共存是当今社会发展的主流思想,也是可持续发展理论的重要体现,对社会经济的宏观调控则是实现这一目标的重要手段。就水资源而言,用"以供定需"替代"以需定供",通过对水资源的合理分配,使得在保证生态环境需水的基础上,考虑社会经济需水;加强污水处理和水环境保护工作,严格控制污水排放总量,确保各类水体不超越水环境容量的范围;通过水资源规划为水资源保护确立目标和方向,同时通过水资源管理工作,将水资源保护落到实处。

第二节　水资源外部性问题

水资源不同于一般物品,其产权不仅不具有可分性,而且对其

使用的外部性较高且不明显。也就是说,个人在使用资源时,并不能意识到外部性的存在,或者预防外部性的成本很高。

消除水资源利用过程中的"负外部性"和"非合作博弈问题"关键在于改变水资源利用的预期成本、收益结构和对他人用水行为的预期,而这取决于水资源开发、利用、保护、管理的制度环境。制度环境包括三个层次:一是文化和社会心理的层次,它涉及集体的资源意识以及由意识决定的态度;二是具体制度安排,如对资源使用行为的限制、规定以及对违反规则的制裁和惩罚措施等,这一层次影响到人们使用和消费资源的预期成本和收益的结构;三是组织的结构,政府管理机构和非政府组织的理性介入,确实能对公共资源的有效、合理使用起到统筹分配和宏观调控的作用。

政府在水资源制度环境建设方面居于主导地位。在政府的角色和功能的解释中,经济学把政府看作是公共物品的提供者和外部性的消除者。外部性是个体自利行为的结果,其根源是公共资源产权的不可分割性,所以无法依赖市场的手段自发解决。水利部门行使水资源的管理权是政府提供公共物品和公共服务的重要组成部分,是为了满足个体对有序用水的需求,排除个体用水行为的外部性,促进用水户的合作,从而实现水资源的可持续利用。其主要手段就是通过提供水资源开发利用的规则、制度、法律、信息来调整资源使用者的行为选择,限定资源使用者的选择范围。资源使用者则在利益最大化原则的驱动下采取最优的水资源利用行为,从而达到公共利益与个体利益的和谐,实现水资源的可持续和高效利用。

第三节　水资源产权问题

　　水资源属于公共资源,具有产权无法分割的特点,是一个纯粹的公共产权。由于产权的不明晰,因此极易造成某些人可以低成本甚至无成本地利用。而水资源开发利用中又极易产生"负外部性",这种"负外部性"最终必将导致"公共的悲剧"的出现。从博弈论的角度看,人们利用水资源的行为属于"非合作博弈"的范畴,也就是个体行为的理性化,群体行为的非理性化,这种矛盾最终必然使群体的每一个参与者陷入"囚徒困境"。虽然从理论上看,有限个体经过大量的重复博弈,可以实现"合作博弈",避免"囚徒困境"出现,但水资源的利用个体众多,合作成本极高,而且要求每一个个体都在反复的博弈后,行为趋于理性。在利益的诱惑下,必然有某些个体试图打破理性行为,从而重新陷入"非合作博弈"。正因为水资源产权的无法分割,我国以法律的形式,明确水资源属于国家所有,由国家代替公众行使这一至关重要的资源的产权。但国家只是一个组织,它必须由人来代替它行使这一权益,而由于人的复杂性,在行使这一权益的时候,极易产生偏差。这一权益与行使这一权益的主体不存在直接的利益关系,在监督不够到位,制度不够严密的情况下,容易产生"权力寻租"的空间。我国是一个单一制国家,国家的代表就是中央政府。但由于我国幅员辽阔,人口众多,地理条件差异极大,因此通过授权,由地方政权机构代替中央政府行使部分国家权益。同样由于我国幅员辽阔,为使某些管理到位,必须采用多级授权,从而使得权益主体与权益行使主体产生分离,并且分得极远。一方面导致了某些权益行使主体滥用权益,而另一方面,权益主体由于发现权益行使主体滥用权益,从而对代

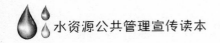

表它行使权益的主体产生怀疑，具有收回授权的冲动。但这种冲动必然导致中央与地方的冲突，另一方面也导致地方在行使权益时力不从心，监督管理不到位，严重影响效率。

第四节　自然主义和经济主义

在水资源的开发利用上，有两种极端的思路，一种是强调生态与环境的保护，几乎反对对水资源的一切开发利用；另一种是强调人类的生存与发展，基本不考虑这一行为对生态与环境的破坏。前者我们称之为"纯自然主义"，后者我们称之为"纯经济主义"。作为人类生存与发展的基础性自然资源，人类为了生存与发展必然要开发利用水资源。水是自然界最为活跃的生态因子，开发利用水资源必然要对生态与环境造成影响，因此，只要"纯自然主义"是不可行的。但另一个极端，因为生态与环境是人类存在的另一个基础，人只是地球生态的一个环节，生态的毁灭也就是人类的毁灭，仅强调人类的发展，强调开发利用，忽视这一开发活动对环境与生态带来的影响，必然使人类失去自己生存的基础，或者失去发展的基础，因此，"纯经济主义"也是不可行的。

人类要生存要发展，必然要开发，必然要影响生态，要正视我们的开发利用活动对生态与环境的影响，不应刻意回避其可能带来的负面影响，应当在正视这种影响的同时，将这种影响控制在一定的范围内，同时必须避免不必要的影响。在评价一个项目时，应当充分考虑开发利用活动所带来的环境与生态的代价，综合衡量项目的可行性。

第五节 水资源工作发展方向

水资源既是一种经济资源又是一种生存资源。随着水资源在经济活动中重要性的日益凸显,开发利用强度增强,必然引发生存权与发展权的冲突。正确处理好发展权与生存权的关系,实际上就是"以人为本"还是"以钱为本"的问题。生存权优先于发展权,这是一条基本原则,是水资源管理的基本原则之一。坚持生存权高于发展权,生存权优先于发展权,但也不能将"生存权"无限扩大,阻碍一切的经济活动。

一、"绿色饮水"理念,加强水库水质保护

随着全国经济社会的快速发展,公众对饮用水水质的要求不断提高,"绿色饮水"已成为公众的基本要求。水库水量丰富稳定、水质优良,是城乡供水的首选水源地。从长远看,水库将成为我国未来相当长一个时期优质水的主要来源,是保障我国未来经济社会发展的战略性资源。

目前,我国水库水质面临富营养化、工业化、面源污染、农村污水垃圾排放、交通污染等多种安全隐患,存在供水水源单一化、生存发展与保护矛盾突出、管理不适应需要等多种深层次问题。解决存在的问题,第一应统一思想、完善保护体系,把水库水质保护工作提到落实科学发展观,实践以人为本理念的高度,形成党委政府负总责,政府领导挂帅,水利部门牵头,各乡镇部门参与,水库管理机构落实日常保护工作的水库水质保护体系。第二应加大投入力度,开展具体保护工作,加强库区基本生活保障体系建设,鼓励库区移民,缓解库区生存发展与保护之间的矛盾。第三应加强库

区居民点污水处理系统、垃圾收集体系等基础设施的建设,解决"生产生活方式现代化,基础设施农村化"的问题。第四应制定水库水质安全监督制度,明确水质监测主体,整合监测力量,实行供水水质报告制度,实行库区危险品审核制度,严格控制危险品流通、使用、储藏等各个环节。第五应加强技术支撑能力建设,加大对水库水质演变规律、水库生态演变规律和水库富营养化防治技术的研究,加强有关规范、标准的制定和统一工作。近期宜选择工作基础较好的水库开展水库水质保护试点工作。

二、发挥管理社会节水的职能

推进全社会节水工作是水利部门参与资源节约型、环境友好型社会建设的主要途径,但目前水利部门管理全社会节约用水存在体制性的障碍。按职责分工,水利主管全社会节水,经贸主管工业节水,建设主管城市节水。而工业用水户中很多又是管网用水户,属于城市节水的一部分;自备水源工业企业的取水审批又是由水利部门执行,存在职权交叉,责任不清的问题。虽然存在这些问题,但水利部门仍可发挥主观能动性,开展节水方面的工作。如发挥"节水办公室"职能,建立节水信息发布制度,开展自备水源企业的节水工作,落实节水三同时制度等措施。

三、水资源管理信息体系建设

采用信息化手段是进行水资源一体化管理的重要前提,水资源业务管理服务于供水管理、用水管理、水资源保护、水资源统计管理等各项日常业务处理,主要包括:水源地管理、地下水管理、水资源论证管理、取水许可管理、水资源费征收使用管理、计划用水和节约用水管理、水功能区管理、入河排污口管理、水生态系统保护与修复管理、水资源规划管理、水资源信息统计等业务内容,采用信息化手段实现以上业务处理过程的电子化、网络化办公,具有快速汇总、准确统计、科学分析、便捷查询、及时上报、美观打印等功能,有利于提高业务人员工作效率,构建协同工作的环境,逐步实现水资源的一体化管理。水资源信息平台的建设,促进了水资源管理信息的社会共享,为用水户提供便捷服务,开辟了水资源管理宣传的网络阵地,促进了有序用水和正确水文化的形成。

四、关于水文化的建设

水资源管理涉及自然、文化、经济、法律、组织、技术等诸多手段与措施,必须采用多维手段,相互配合,相互支持,才能达到开发资源、保护资源、保护环境、促进经济与社会共同持续发展的目的。然而,在各种手段的具体运用中,还需要采取文化先行的策略。文化是制度构成要素中的非正式约束,它蕴含价值信念、伦理规范、道德观念和风俗习性,还可以在形式上构成某种正式制度的"先验模式"。

文化对人的行为最具影响力,决定着人的具体行为与反应。有某种文化基础的管理制度的实施成本最低,对抗性最小;没有文化基础的制度的推行,往往事倍功半;与当前文化冲突的制度的推行,则往往面临激烈的对抗,就是在强大外力保障下推行,也会使对抗转入地下或者不服从,从而使得管理者不得不采取更为激烈的管理手段,使得对抗极具危险性。

关于水方面,水文化的研究具有深刻的意义。在江南水乡,由于河网密布,自净能力较差,随着人口密度的增加,污染河网的行为,在历史上属于不道德的范畴,这种道德对人的约束力极其巨大。一般来说,居民不会随意向河道倾倒垃圾,但是随着传统社会的瓦解,代之而来的经济社会没有来得及建立起符合经济社会体制的道德体系与道德约束体系,这种向河道倾倒垃圾的行为便失去了制约手段。目前普遍采用的方法是制定法规体系,借助于行政手段进行约束,但随之而来的一个严重的问题是缺乏足够的执法与监督力量,使得类似的行为无法得到有效制止。对于江南一些农村,村中的池塘几乎就是村子生活的重心,村民长期生活形成了一套严格的有效保护池塘的制度,每一个孩子从一懂事起就被教导尊重这一池塘,相当一些村子还形成了上水池塘与下水池塘,上水池塘是解决村民淘米洗菜与饮用问题的,而下水池塘则是解决村民洗涮问题的,从而保证了数百年乃至上千年的生活需求。任何破坏这一习惯的行为,都会被村民不齿。这些池塘还保留着定期清扫的习惯。但由于自来水供水系统的完善,这种制度也日渐土崩瓦解了。当然,失去饮用水功能的水塘似乎没有它存在的必要了,但它同时也失去了其他的功能。

过于依赖法律、行政执法与行政惩罚的思路,使得文化日渐式微。在水资源管理方面也存在同样的问题,它虽然加强了水法制建设,使得水管理的法律体系不断庞大,但在制定法律与宣传法律的同时,也存在着不重视文化建设,甚至冲击文化的问题,在某些情况下甚至加速了传统文化的崩溃。由于文化的形成常常是经过多年的积累,一种制度一旦被另一制度替代,存在着新制度完善的问题,而这一完善过程可能会历时非常长久,因此,新制度过于革命化,容易引发种种难以解决的问题。

因此,充分发挥文化功能的作用,实行思想观念的变革,营造良好的舆论环境,利用好各种教育手段,对于解决好水资源问题,具有十分重要而深远的意义。建立良好的文化环境,需要人们认识水资源的重要性,创新用水观念、管水观念,建立系统的水资源文化制度。

加强水文化建设的主要任务和内容有以下几个方面：

(1)加强社会主义核心价值体系建设,提高水利行业职工的思想道德素质。

(2)加强和谐水文化建设,丰富职工的精神文化生活。

(3)提高水利工作的文化品位,满足人民精神文化需求。

(4)发展水文化事业和水文化产业,增强水文化实力。

(5)保护和整理优秀的水文化遗产,服务当代水利建设。

水文化建设是社会主义文化建设和弘扬中华文化的重要组成部分,是水利行业文化建设和社会主义精神文明建设的重要内容,是大发展大繁荣水文化的根本途径;水文化建设还是把水文化研究的成果付诸行动的实践活动,即认识到实践的飞跃。积极推进水文化建设,以波澜壮阔的水利实践为载体,弘扬水文化传统,创造无愧于时代的先进水文化,提高全社会的水资源意识和水文化意识,为推进我国水利事业的可持续发展提供精神动力和智力支持,是推动社会主义文化大发展大繁荣的需要,也是推进我国水利事业和经济社会可持续发展的需要。